JN284795

# 国産牛肉の流通

——国産牛肉の供給構造と安全性——

●

仲川直毅

御茶の水書房

## はしがき

　私は畜産物流通，なかでも国産牛肉流通を研究のテーマとして大学院時代から取り組んできた。その間の研究成果を取りまとめたものが本書である。本書は，国産牛肉流通の現状について客観的な分析を行うことにより，国産牛肉の供給構造上の問題点を明らかにし，今後の国産牛肉流通のあり方を探ってみようと努力したものである。しかし，消費者の意識や行動は，企業による国産牛肉の畜種偽装や原子力発電所の爆発事故による国産牛肉の安全性問題などによって現在においても変化を続けており，さらなる検討が求められている。これらの問題についてはまだまだ研究の途上である。

　しかしながら，国産牛肉流通の研究をここまで進められたのは，私の経済学の師匠である松尾秀雄先生のご指導があったからに他ならない。本書を取りまとめるにあたり，松尾秀雄先生には，論文構成から最終的なまとめの段階まで終始懇切丁寧なご指導をいただき，さらに研究交流の機会を与えていただいたことに心から感謝の意を表したい。阿部真也福岡大学名誉教授には，修士課程でマーケティング論や産業組織論などの分析手法について様々なご教示をいただいたことに感謝の意を表したい。

　これまでの研究生活では，竹内晴夫愛知大学教授，田端和彦兵庫大学教授，瀧本眞一兵庫大学教授には公私ともども大変お世話になったことに感謝したい。

　なお，本書の出版の労をとっていただいた御茶の水書房の橋本盛作氏にもこの場を借りてお礼を申し上げたい。

　最後に私事にわたって恐縮であるが，現在まで研究生活をともにし，私のために努力を続けてくれている妻・小冬に感謝の意を表することをお許しいただきたいと思う。

　なお，本書は，名城大学への学位請求論文「国産牛肉流通に関する一考察」（2009年3月）をもとに大幅に加筆・修正をしたものである。初出をあげると

以下の通りである。

① 　第2章「国産牛肉の価格形成システムの解明」(『名城論叢』第8巻第4号, 165-183頁 名城大学経済・経営学会, 2008年)
② 　第5章「国産牛肉の需給構造と安全性に関する一考察」(『名城論叢』第10巻4号, 129-148頁 名城大学経済・経営学会, 2010年)

2012年7月14日　三重県四日市市にて　　　　　　　　仲川直毅

# 国産牛肉の流通

目　次

目次

はしがき　i

はじめに　3

## 第1章　課題と方法 ———————————————— 5
　　第1節　課題の設定　5
　　第2節　フードシステムの概念　6
　　第3節　本研究の構成　7

## 第2章　国産牛肉の価格形成システム ——————— 9
　　第1節　本章の課題　9
　　第2節　牛肉流通の歴史　10
　　第3節　食肉卸売市場の歴史　13
　　第4節　牛肉の流通構造　17
　　第5節　生産から消費にいたる牛肉の価格形成プロセス　23
　　第6節　牛肉流通の課題　31
　　第7節　まとめ　34

## 第3章　国産牛肉に対する消費者意識の変化と
　　　　　供給構造の現状 ———————————————— 37
　　第1節　本章の課題　37
　　第2節　牛肉に対する消費者意識の変化　37
　　第3節　国産牛肉の需給構造の変化　45
　　第4節　国産牛肉の需給構造の現状　56
　　第5節　まとめ　58

## 第4章　愛知県における国産牛肉銘柄化に対する取り組み ———— 61

- 第1節　本章の課題　61
- 第2節　国産牛肉の産地銘柄化の概念　61
- 第3節　愛知県における国産銘柄牛の生産と流通　63
- 第4節　まとめ　66

## 第5章　国産牛肉の安全性 ———— 69

- 第1節　本章の課題　69
- 第2節　国産牛肉の安全性対策の現状　69
- 第3節　国産牛肉の安全性についての問題点　74
- 第4節　市場における贈与と交換の関係　79
- 第5節　まとめ　83

おわりに　85

**注**　87

**参考文献一覧**　103

**人名・事項索引**　107

# 国産牛肉の流通
――国産牛肉の供給構造と安全性――

はじめに

　流通，市場は，商品経済の発展により形成されたといえる。商品の流通においては，売り手と買い手の仲介者である商人と，商人が行う仲介行為である商業により大きく効率化された。言い換えれば，社会的分業の進展により流通，市場が形成され，さらには流通の効率化に大きく寄与したということがいえる。

　社会的分業が進展することにより，商品の流通過程においてさまざまな経済的機能が実現されるようになった。そのなかでも畜産物，とくに食肉の流通は生産から消費までの流通過程内部に生産，加工を含んでおり，他の商品にはない多様な経済的機能があり，食肉に関する複雑な流通，市場構造が形成されているといえる。

　社会的分業の進展により，流通，市場が形成されたのであるが，一般的に社会的分業の発展は，生産者と消費者の距離を拡大させる傾向にあり，生産者と消費者における「社会的」，「場所的」，「時間的」な距離を拡大させたといえる。さらに，生産と消費の距離の拡大により，生産から消費という流通経路の最上流に位置する生産者および卸売業者など比較的上流に位置する流通担当者に対して，最下流に位置する消費者のもつ意識やニーズなどの消費者情報の伝達に遅れが生じ，供給局面による消費者意識の把握や迅速な対応などが困難となることが考えられる。しかしながら，消費者意識および行動の変化は，供給構造に大きな影響を与えることが考えられ，供給局面において消費者意識および行動の変化を把握し，迅速かつ柔軟に対応することは，供給局面にとっては，収益の安定，販売促進などの観点からも非常に重要であるといえる。

　そこで本研究においては，国産牛肉を対象として，需給構造，市場行動に大きな影響を与えると考えられる消費者意識および行動の変化が供給局面において反映されているか，あるいは反映されていない問題点は何かを消費と生産，流通の両局面からの検討を行うことを課題とする。

# 第1章　課題と方法

### 第1節　課題の設定

　国産牛肉を対象として，最上流の生産から最下流の消費にいたるまでの従来の研究経路ではなく消費から逆に生産をみるというフードシステム学的な視点[1]から，需給構造に大きな影響を与えると考えられる消費者意識，行動の変化が供給局面において反映されているかを考察していく。そのうえで国産牛肉の供給構造上の問題点について検討していくための客観的な国産牛肉流通の現状を分析することを目的としている。

　国産牛肉を対象とする主たる理由として，次の三点をあげることができる。第一に，日本の食肉消費は，高度経済成長による国民所得の上昇，食の「高度化」「欧米化」，輸入自由化を契機として大きく増加し続けてきた。しかしながら，2001年の国内におけるBSEの発生[2]，さらに相次ぐ食肉偽装事件の発生，2003年の米国でのBSE発生による輸入禁止措置等を要因として消費者の牛肉に対する不安や不信は高まり[3]，消費者の牛肉への意識は大きく変化していると考えられる。第二に，牛肉においては，流通過程の内部に生産，加工が含まれており，その流通経路は必然的に長く，複雑であることから，供給構造上の問題点を検討することは，消費者ニーズの変化に柔軟に対応するために必要不可欠であると考えられるからである。第三に，牛肉は，量的に日本における食肉市場流通のシェアが非常に高いことがあげられる。

　なお，消費者行動および意識の変化をとらえる期間は，1994年から2004年までとする。その理由として，1994年は，1993年の牛肉輸入自由化直後であること，2004年は，2003年に米国でBSEが発生した直後の年であり，ともに牛肉に対する消費者意識，行動に大きな変化がみられたことが考えられ，その変化をとらえることは，国産牛肉の供給構造の現状，問題点を分析

するうえで重要であるということがあげられる。

## 第2節　フードシステムの概念

　本節では，フードシステムの概念とその内部における消費者の位置についてみていく。フードシステムとは，新山陽子の研究に依拠すると，「食料農水産物が生産され，消費者にわたるまでの食料・食品の流れがフードシステム」[4]であると定義[5]される[6]。その範囲は，「農水産業（川上）から始まり，農水産物卸売業，食料品製造業，食品卸売業（川中）→食用品小売業，外食産業（川下）を経て，最終消費者（海ないし大きさの限られた胃袋としての湖）に流れ込むまで」[7]であるとしている[8]。また，フードシステムにおける基本的な構成主体を，農水産業，食品製造業，農水産物卸売業，食料品製造業，食品卸売業，食用品小売業，外食産業であるとしている[9]。

　新山陽子は，フードシステムの全体的構造への接近方法として，基礎条件と五つの副構造に分解している。五つの副構造を，(1)「連鎖構造」（垂直的構造），(2)「競争構造」（水平的構造），(3)「企業結合構造」，(4)「企業構造・企業行動」，(5)「消費構造と消費者の状態」[10]としており，これらの副構造を規定する基礎的条件として，「(a) 商品特性，(b) 企業や消費者の意思決定・行動を基礎づける制度，慣習，ルール，文化，(c) 同じく企業や消費者の意思決定・行動を規制したり促進したりする公共政策（法令，政令）とその政策主体としての国家ないし公権力」[11]としており，また外部条件として「(d) 社会的技術条件，(e) 社会的市場条件，(f) 他国のフードシステムとの競争関係や国際的な貿易ルール」[12]をあげている。また，消費者団体などの発言などが政策に影響を与えるなど，基礎条件と副構造の規定関係は一方向的ではないと指摘されている[13]。

　五つの副構造のなかの一つである，「消費構造と消費者の状態」について新山陽子は，消費の量および質を決定付け，企業の競争構造に大きな影響を与えるのは消費者の行動であるとしている。このことから，消費者の行動が供給側の競争構造にたいして大きな影響力をもっているとしている[14]。また，

「食料品の包装材料や食料品そのもののリサイクルが社会的に重要な問題となりはじめたが，明らかにこの側面においては，消費者は「最終消費主体」ではなく，フードシステムの物質循環の一翼を担うようになった」[15)]としており，フードシステム内部における消費者の重要性を指摘している。

消費者の重要性については，時子山，荏開津も同様に「経済活動の目的は消費である。生産も流通も分配も，その最後の目的は消費水準を高めることを通じて人間の生活を豊かにすることである。したがって，経済の善し悪しを最終的に判定する尺度は消費者の満足度」[16)]であり，「食料経済の目的は消費者の望む食生活を実現することである」[17)]としており，食料経済学の視点からも，フードシステム内部における消費者の位置の重要性を示唆している。

以上のように，現在のフードシステム内部における消費者の役割は重要性を増しており，供給サイドへ与える影響も大きいものであると考えられる。このことから，供給サイドにとって，消費者意識，行動の変化をとらえ，消費者ニーズ，情報の把握を行うことは，収益性の向上，販売促進の観点からも重要なことであると考えられる[18)]。

## 第3節 本研究の構成

本研究の構成を示せば，以下のとおりである。第2章は，生産から消費までの牛肉の価格形成システムのプロセスとそれに付随する流通経路の考察を同時に行うことによって，流通構造上の問題点について検討していく。

第3章は，フードシステム学的な視点を踏襲しつつ，牛肉の需給構造に大きな影響を与えると考えられる消費者意識および行動の変化について考察し，さらに，牛肉の供給構造の変化を国内，米国におけるBSE発生以前と比較したうえで，牛肉の需給構造の現状について検討する。

第4章は，愛知県を事例として，生産段階における国産牛肉の一つの販売戦略としての産地銘柄化についての考察を行い，生産段階において消費者意識が反映されているかについてヒアリング調査を交えて検討する。そのうえ

で，愛知県における国産銘柄牛肉の生産および流通の現状と問題点について考察する。

　第5章は，食料品はとくに安全性が重視されることから国産牛肉の安全性対策の現状についてみていく。そのうえで，生産から消費までの国産牛肉の安全性の問題点および生産から消費までの各主体間において信頼関係を構築することの重要性について考察を行う。

# 御茶の水書房

**本山美彦著**
## 韓国併合――神々の争いに敗れた「日本的精神」
日本ナショナリズム批判。「危機」に乗じたナショナリストの「日本的精神」の称揚を追究
四二〇〇円

**洪 紹洋著**
## 台湾造船公司の研究
――植民地工業化と技術移転（一九一九―一九七七）
日本統治時代の台湾船渠との継承関係と、戦後の技術移転の分析
八四〇〇円

**三谷 孝編**
## 中国内陸における農村変革と地域社会
――山西省臨汾市近郊農村の変容
日中戦争以前から農民たちが見つめてきた中央政治とは
六九三〇円

**横関 至著**
## 農民運動指導者の戦中・戦後
――杉山元治郎・平野力三と労農派
農民運動労農派の実戦部隊・指導部としての実態を解明
八八二〇円

**上条 勇著**
## ルドルフ・ヒルファディング
――帝国主義論から現代資本主義論へ
二〇世紀前半に活躍したマルクス主義理論研究家にして社会民主主義の政治家ヒルファディングの生涯と思想研究史
六七二〇円

**鎌田とし子著**
## 「貧困」の社会学
――重化学工業都市における労働者階級の状態 Ⅲ
経済学の階級・階層理論と社会学の家族理論のつながり
九〇三〇円

**ローザ・ルクセンブルク著　『ローザ・ルクセンブルク選集』編集委員会編**
**小林 勝訳**
## 【第一巻】資本蓄積論【第一分冊・第一篇 再生産の問題】
「ローザ・ルクセンブルク経済論集」
三九九〇円

**バーバラ・スキルムント・小林 勝訳**
## 【第三巻】ポーランドの産業的発展
――帝国主義の経済的説明への一つの寄与
四七二五円

ホームページ　http://www.ochanomizushobo.co.jp/
〒113-0033　東京都文京区本郷5-30-20　TEL03-5684-0751

# 御茶の水書房

**清水 敦・櫻井 毅編著**
## ヴィクトリア時代における フェミニズムの勃興と経済学
フェミニズムの関わりからヴィクトリア時代の経済学を検証
四七二五円

**小林 勝編集責任**
## ローザ・ルクセンブルク全集 第一巻
一八九二―一八九六年七月までのローザの論考を収録
一二六〇〇円

**北原糸子著**
## メディア環境の近代化
――災害写真を中心に――
明治中期、映像で災害をとらえる時代が開かれていた！
一〇五〇円

**神奈川大学アジア問題研究所編**
## 東アジアの地域協力と秩序再編
日中韓の研究者による東アジアの現状分析と展望
四二〇〇円

**東郷和彦・朴 勝俊編著**
## 鏡の中の自己認識
知識人による日韓の未来を展望する歴史・文化のシンポジウム論集
四二〇〇円

**大橋史恵著**
## 現代中国の移住家事労働者
――農村-都市関係と再生産労働のジェンダー・ポリティクス
第31回山川菊栄賞受賞！ 都市に生きる農村出身女性たち
八一九〇円

ホームページ http://www.ochanomizushobo.co.jp/
〒113-0033 東京都文京区本郷5-30-20 TEL03-5684-0751

# 第2章　国産牛肉の価格形成システム

## 第1節　本章の課題

　畜産物とくに食肉の流通過程は，さまざまな経済的機能が実現されている。その機能には，すべての商品がもつ流通機能と，屠殺処理や流通過程内部における生産，加工などに代表される畜産物特有の機能があり，その多様な機能があることにより，食肉に関する複雑な流通経路や流通，市場構造が形成されている。

　重要な経済的機能の一つとして，交換による価格の形成によって，商品価値を実現することがあげられる。商品価値の実現は，生産，卸，小売などの生産過程および流通過程においては，労働力と生産手段の生産的消費によって価値を形成および移転し，剰余価値を実現して新たな生産と流通を継続し，労働者は生活資料の消費によりさらなる生産を行うための再形成を行っていることがいえる。この生産から消費にいたるまでの再生産過程の繰り返しにより経済社会は成り立っているといえる。

　しかしながら，市場や流通構造の変化などの影響により，現実には，価値の実現が容易に行えなくなってきている。さらに，牛肉の流通および価格形成は，流通過程の内部に畜産物に特有の屠殺処理や生産，加工などがあるためにきわめて不透明であると考えられる。

　本章では，牛肉流通に関する歴史および生産者から消費者にいたるまでの国産牛肉の価格形成システムを明らかにし，国産牛肉の流通経路の考察も同時に行うことにより流通構造上の問題点について検討していく。

## 第2節　牛肉流通の歴史

### 1　肉食の大衆化

　現在の食卓に牛肉その他の肉類は欠かすことのできない食材のひとつとなっている。しかしながら，日本における本格的な肉食の始まりは意外に遅く明治期に入ってからである。それ以前は，支配層による禁制や文化的，宗教的要因によって作られた意識から畜肉，とくに牛肉，馬肉を一般的な食材として食することは控えられてきた。肉食忌避の歴史は古く，奈良時代にさかのぼる。この肉食忌避には仏教伝来が大きな影響を与えているといえる。仏教が伝来し，支配層の中に浸透すると幾度も肉食禁止の詔勅が発布された[19]。しかし，この奈良時代から明治までの間，肉食がまったくなかったのかというとそうではない。支配層が肉食禁止に反して肉食を行う際には「薬猟」と称し，また，庶民が肉食をする際は「薬食い」と称して薬代わりに消費が行われていた[20]。さらに，肉食禁止の詔勅が何度も出されたことは，肉食禁止の詔勅が守られておらず，食肉の消費が日常生活のなかに隠然と定着していたことを示しているといえる[21]。

　さらに，中世においても肉食禁止の傾向に変化はみられなかったが，食肉の消費は，依然として「薬猟」，「薬食い」と称して続いていた。さらに，徳川幕藩体制が確立してからも，初代将軍の徳川家康以来，「殺生禁断令」により，牛，馬の屠殺や肉食は厳禁とされていた[22]。しかしながら，将軍家においても肉食の習慣はあったと考えられる。それは，琵琶湖東部を統治していた彦根藩主井伊家の記録に，安永10年から明治2年までの90年間に，幕府をはじめ有力大名に35回にわたり牛肉の干肉や味噌漬けなどを薬用として献上したとあるからである[23]。とくに十一代将軍徳川家斉は，牛酪（牛乳）や牛の味噌漬けを好み，その食習慣によって，歴代将軍の中では最も長寿であったといわれている[24]。このように，支配層や庶民の間に肉食禁忌は広がっていたものの，その陰では肉食は行われており，日常的な一般的食材としてではないのであるが，食肉の消費は行われていたのである[25]。

　肉食が日常的な一般的食材となる大きな契機となったのは開国による文明

開化である。長年にわたり肉食忌避の思想が庶民の心理に大きな影響を与えていたが，開国により外国人との接触の機会が増加し，異国の文明を理解するにつれ，肉食が徐々に受け入れられるようになり，文明開化のひとつのシンボルとしての肉食が都市部を中心に浸透し，普及しはじめた。しかしながら，明治時代の初期は，政府は肉食について封建的であったが，戊辰戦争などの戦役による負傷者が西洋医術と肉食を行うという事実により，回復を図った。この戦役による負傷者が回復後も肉食を行うことにより，肉食の一般化が浸透したといわれている。とくに，1872年正月発行の『新聞雑誌』第26号に明治天皇が1872年1月24日に牛肉を食したと発表されたことの影響が大きかった。この明治天皇の肉食奨励により，支配層および庶民においても肉食を行うようになり，肉食の一般化の大きな契機になったといえる[26)27)]。この肉食の一般化は，家畜として生産された食肉を消費するという畜産業を成立させたのである。

### 2 牛肉流通の歴史

牛肉流通に変化が現れるのは戦後，食糧事情が好転してからである[28)]。その時期から生産面では，牛の飼育目的が農耕における使役目的から食用牛生産へと変化しつつあったことから，大衆牛肉としての若齢肥育や乳用牛からの食肉生産が行われるようになった。

宮崎宏は，1955年（昭和30年）以降に拡大発展した牛肉流通の変化として大きく整理すると，①都市近郊を中心とする生産地域の地価高騰を要因として，遠距離流通が拡大し，流通コストが高くなったこと。②産地の移動，特化の進展。③食料消費の多様化，周年化の進展。④食糧消費における高級化志向が進展。⑤市場外流通の進展の五点を指摘している[29)]。

牛肉の消費拡大および供給量の増加に伴い，子牛市場や牛肉流通の整備が行われるようになった。整備が行われる以前は牛肉の取引においては生産者に不利な点が多かったが，取引における公正性の確保のために中央卸売市場の開設（1958年から1974年）[30)]，産地においては1960年から食肉センターの設立が行われた。取引形態においては生体流通から枝肉流通[31)]へと変化し，

取引基準である枝肉取引規格が作られた。これにより生産段階での価格形成は中央卸売市場開設以前と比較してより公開的な価格という性格を持つにいたったといえる。さらに，小売段階では枝肉流通が主流であったものから，部分肉流通が主流になるという変化がみられる。

この問題に関して，代表的な牛肉流通の研究成果としては，吉田忠が『食肉インテグレーション』を公刊している。そこで吉田は，牛肉流通の歴史的発展段階を①家畜商——食肉問屋段階，②中央卸売市場段階，③インテグレーション段階と規定した[32]。この，第一段階においては，その特徴は，「貧窮層としての小作貧農を底辺にもつ農村支配構造と消費地の問屋小売の支配従属関係によって規定され，少量特異な消費形態，生体で特徴づけられる物流形態，副業的な零細経営という生産形態によって機能的に規定される」[33]としている。つまり第一段階で食肉流通において優位に立っていたのは問屋であるといえる。その大きな要因として，子牛（肉用牛）生産者→家畜商→問屋→小売商という流通経路が示すとおり生体流通における主要な役割である屠殺，処理，加工段階を独占的に担っていたことがあげられる。

次いで第二段階においては大阪市場（1958年），芝浦屠場（1966年）が中央卸売市場法により，食肉卸売市場に改編され，政策的に中央卸売市場段階へと入っていったと述べる。また，この間，産地においては，家畜商は専属の集荷商人と位置づけられ，消費地においては，食肉小売業は販売特約店と位置づけられるとされて，それらを全体として支配するものとしての食肉加工資本の台頭が指摘されている。

さらに，第三段階はインテグレーション段階とされる。この段階の食肉流通の中心となっていたのは総合商社であると分析される。総合商社は食肉加工業者や飼料業者を系列化し，支配力を強めることによって，食肉の生産，流通，消費の全過程を総合商社が組織的に支配したものとして，「食肉インテグレーション」という新たな概念が提起されるのである。また，畜産物におけるインテグレーションは，鶏肉，豚肉，牛肉の順に行われたとしている。現在では牛肉における大手食肉加工業者による生産から消費までの食肉インテグレーションなど多数のインテグレーションがみることができる[34)35]。

この総合商社が中心となり行ってきた食肉インテグレーションのその後の影響として，長澤真史は，「総合商社，あるいは食肉加工資本については生産拠点や販売拠点を海外に移す海外進出が強まり，さらに海外からの製品輸入にいっそう傾斜しつつある」[36]と指摘している。

　以下では，牛肉流通の歴史的発展段階の一つにあたる食肉卸売市場の歴史についてみていく。

### 第3節　食肉卸売市場の歴史

#### 1　食肉卸売市場開設前の食肉流通

　まず，食肉卸売市場が開設される以前の流通構造についてみていく。吉田忠の先行研究に依拠すると，青果物や食肉など生鮮食料品の卸売市場が開設される以前の流通構造については，「問屋制市場構造」[37]であるとしている。吉田忠は，「問屋制市場構造」の特質について「生産者・仲買・小売商が特定の問屋を中心に結びつけられていて自由な競争がないという意味で固定的であり，新規の生産者や承認がこの既成流通機構に参入しようとしても排除されてしまうという意味で閉鎖的である」[38]と指摘している。

　食肉流通における「問屋制市場構造」は，大正末から昭和初期にかけて形成され，「子とり・育成・使役肥育の各農家を直接掌握支配する零細家畜商と，子牛・成牛・肉牛の県外搬出を担当する問屋的家畜商とが，階層的支配関係のもとで産地市場を支配していた」[39]としており，このことは，牛，豚ともに共通しているとしている[40]。牛と豚の異なる点としては，和牛においては，子牛，成牛などの家畜市場が流通の要所に設置されており，とくに子牛は生産されたほとんどが子牛市場に上場され，家畜市場を経由している点をあげている。このように和牛は，市場に上場され，せりや相対での「袖下取引」であったとされている。「問屋制市場構造」の時期の食肉流通における相対取引とは，「肉牛もしくは枝肉を売る側と買う側が互いに向かい合って，袖の下で他人にみられないような状態で，指の符ちょうを使って価格を決める取引」[41]としており，取引結果は取引を行う当事者以外には非公開であっ

たとしている。しかし，実際に取引を媒介する家畜商と生産者，小売業者の間の関係は，固定的な性格が非常に強かったとしている[42]。このように「問屋制市場構造」の時期の食肉流通については，生産者→家畜商→食肉問屋→精肉商の間に固定的で閉鎖的な系列が形成されていたとしている。吉田忠は，その特徴として食肉問屋による (1) 屠殺，処理施設の独占，(2) 技術，流通情報の独占，(3) 前貸し，代金制度にみられる前近代的経済関係，(4) 前近代的な社会的人間関係などをあげており，食肉問屋がこの系列の支配を実質的に行っていたと分析している。また，「問屋制市場構造」における食肉価格は，日々の短期的な変動が少なく，天候異変等の特別な原因による急激な変動がないかぎりは季節変動も少なかったとしている。この安定的な食肉価格を維持していたのは，屠畜場の利用権を独占していた食肉問屋であると述べている。このことから，食肉問屋が需給調整や価格調節機能も果たしていたとしており，この時期，系列内部における食肉問屋の支配力が非常に強かったことを指摘している[43]。

しかし，固定的閉鎖的な性格と食肉問屋による流通支配に特徴づけられる「問屋制市場構造」は，「資本制生産の発展に伴う都市膨張と消費の大量化，農業生産力の向上や農業経営の展開に伴う産地の移動・拡大と生産の大量化に対しては，機能的に十分に対応」[44]できなかった。消費の大量化，産地の移動や拡大，生産の大量化への対応，食肉問屋が行っていた (1) 不公正な看貫 (計量)，(2) 水引き (目減り評価)，(3) 仕切り改ざんなど非公式の相対取引である袖下取引を行うことによって可能となっていた不公正な取引[45]を払拭するために，政府は，市場の公開，価格形成の公正を政策目標とし，中央卸売市場の開設を推し進めた。その結果，食肉卸売市場が開設されるにいたるのである。

以下では，食肉卸売市場[46]の概要についてみていく。

## 2　食肉卸売市場の概要

食肉卸売市場は，青果，水産，花きなどとともに生鮮食料品の卸売の市場として，「卸売市場法」に基づいて開設されている。卸売市場の機能[47]とし

ては，(1)品揃え（商品開発）機能（多種多様な品目の豊富な品揃え），(2)集分荷・物流機能（大量単品目から少量多品目への迅速・確実な分荷），(3)価格形成機能（需給を反映した迅速かつ公正な評価による透明性の高い価格形成），(4)決済機能（販売代金の迅速・確実な決済）などがあげられる。なお，食肉卸売市場で取り扱われる肉類としては，牛，豚の生体，搬入枝肉，部分肉および輸入肉などがある。

　食肉卸売市場の歴史は，青果物卸売市場と比較して遅く，1958年に大阪で食肉中央卸売市場が開設されたことにより始まる。吉田忠は，食肉卸売市場開設が青果物と比較して遅かった要因としては，「と畜場をと畜過程の場としてのみとらえる，すなわち衛生行政の対象とするだけで，ついに流通行政の対象に組み込みえなかったこと，また，と畜場の利用独占権をにぎる食肉問屋の流通支配」[48]が非常に強かったことを指摘している。さらに，東京の芝浦市場ではなく，大阪の西成区津守に最初の食肉中央卸売市場が開設された理由としては，「問屋制市場構造の矛盾が，府下流通量でのシェアの低さ，生体市場と枝肉市場との二元構成等々の基盤の弱さをもった津守の食肉市場で集中的にあらわれたこと，そして食肉問屋の実権を実質的には残すという形で彼らの協力がえられたこと等にある」[49]としている。その後，各都市に食肉卸売市場が開設され，「荷受会社による出荷者の出荷商品の委託上場制度（出荷者から売り渡しを委託された商品を無条件・全量受託，即日上場，手数料定率制）と，せりおよび入札による公開・競争的取引（あわせて取引価格公表による建値の形成）が導入され，これによって閉鎖的な消費地食肉流通を再編すること」[50]が目指されたのである。

　食肉卸売市場は，「卸売市場法」に基づき中央卸売市場は農林水産大臣の認可を受けた地方公共団体，地方卸売市場は都道府県知事の許可を受けた地方公共団体，株式会社などによって開設[51]され，開設者が設置する施設内で出荷者，卸売業者，仲卸業者，売買参加者などが活動を行っている。食肉卸売市場が他の生鮮食料品市場と異なる点としては，(1)卸売業者の数が2社以上の複数制ではなく，そのほとんどが単数制であること，(2)取引を行う前に屠殺，解体などの処理を行う必要があること，(3)せり取引の比率が

高いことなどがあげられる[52]。(1) は卸売業者間における過当競争の防止を図るために行われており，現在は熊本食肉卸売市場のみが複数制でそれ以外の食肉卸売市場は単数制である。また，仲卸制度のある市場も少なく，東京，横浜，大阪，広島の4市場のみである[53]。(2)の屠殺，解体などの処理は，生体から枝肉，精肉へと外形を変化させる加工段階の第一段階として必要不可欠である。一般的に食肉卸売市場で取引が行われる前の牛，豚の大部分は生体である。このため，食肉卸売市場では，屠殺，解体などの処理を行う施設を付属させる必要があり，その施設の整備や運営を行うには多額の経費が必要という特徴がある。(3) の食肉が他の生鮮食料品と比較して，せり取引の比率が高い要因として，第一に食肉とくに牛肉においては，青果物などと比較して単価が高く，同じ等級の食肉においても品質にかなりのばらつきがあることから，枝肉や部分肉などの商品をみずに格付けのみに依拠して取引を行うことは困難であると考えられる。第二に多数の売買参加者による公開のせり取引は，出荷者に公正な取引を行っているという安心感を与えられるということなどがあげられる。さらに近年では機械せりの導入により，せり途中の個々の売買参加者の状況を把握することができず，他の売買参加者の影響を受けることがなくなり，より透明性の高い取引が行われているといえる。

1971年に制定された「卸売市場法」[54]は，市場において公正かつ効率的な売買取引を確保するためにとくに中央卸売市場の卸売業者に対して，「①許可以外の卸売業務の禁止②差別的取扱いの禁止③仲卸業者，売買参加者以外への販売の禁止④自己の計算による卸売の禁止⑤市場外にある物品の卸売の禁止⑥卸売の相手方としての買い受けの禁止⑦委託手数料以外の報償の受け取りの禁止⑧卸売予定数量，取引価格等の公表の義務⑨各種報告の義務」[55]などさまざまな規制を設けてきたが，現在では効率的な取引とともに安全，安心面にも配慮した卸売市場の整備を行うため2004年に「①卸売市場における品質管理の徹底②商物一致規制の緩和（電子商取引による最適物流の実現）③買付集荷の自由化④卸売業者の第三者販売・仲卸業者の直荷引きの弾力化⑤卸売市場再編の促進⑥業務内容の多角化⑦卸売手数料の弾力化

(この項のみ平成21年から実施)⑧取引情報公表の充実」[56]などの改正が行われ2005年4月より施行されている[57]。卸売市場法の改正が行われ，商物一致規制が緩和されたことにより，(社)日本食肉市場卸売協会においても電子商取引システム導入の検討が行われた[58]。しかし，「現状のセリ取引への遠隔地からのオンラインによる参加については，卸売市場取引そのものを否定する恐れがあること，遠隔地から参加する買受人に対する枝肉等の画像送付に技術的問題があること，与信や代金決済方法など解決すべき課題があることなどから，あらたに電子商取引のための市場を設置することを含め」[59]さらに検討する必要があると考えられる。

牛肉流通の歴史は，牛肉の消費拡大における供給量の増加を図るために，流通過程に大きな変化があったということができる。この大きな変化がみられた牛肉流通の現在の流通構造について，次節でみていくことにする。

## 第4節　牛肉の流通構造

### 1　牛肉の流通構造

牛肉においては，おおまかに総括すれば，生産地から運輸されて，屠殺場で処理・加工が行われる生体流通の第一段階，そして屠殺場では処理・加工の生産加工プロセスが行われるのであるが，その後の枝肉・部分肉流通の第二段階の流通の二つに大別することができる。さらに，この二つの流通段階を経て小売業者が仕入れた枝肉・部分肉を精肉へと加工・処理を行った後，消費者へと販売される最終流通段階が第三段階の流通である。そこで，まず牛肉の生産段階である生体流通の構造をみていく。

### 2　生体流通

生体流通においては，主に子牛生産者による子牛流通，および肉用牛生産者による成牛流通[60]の二つの流通部面がみられる。流通において，流通活動・売買活動を担う活動主体を仮に流通主体と定義すれば[61]，この生体流通における流通主体は，牛肉流通の歴史的段階において当初，家畜商，食肉問

屋のみが流通主体として存在していたのであるが，1960年代の中央卸売市場・産地家畜市場の開設および産地食肉センターの設置によって全農や食肉加工メーカーの生体流通への参入のため，家畜商の流通主体としての地位は大幅に低下し，現在では複数の流通主体が生体流通のなかに存在している状況である。

生産者による生産経営方法を分類すれば，新山陽子の研究成果に依拠すると，「①和牛繁殖経営（子牛生産）→和牛肥育経営，②和牛繁殖・肥育一貫経営，③酪農経営（子牛生産・ほ育）→乳用種去勢子牛育成経営→乳用種肥育経営，④酪農経営（子牛生産・哺育・育成）→乳用種肥育経営，⑤酪農経営（子牛生産）→乳用種哺育・育成・肥育一貫経営，⑥酪農経営（交雑種子牛および受精卵移植による和牛子牛の生産・哺育）→交雑種肥育経営，和牛肥育経営」[62)63)]の6類型の経営となる。

また，肥育経営における頭数規模は大規模化の傾向にある。この分野では「規模の経済」が成立し，大規模経営であるほうが1頭当たりの生産費が縮小されるということは当然のことである。

### 3　枝肉・部分肉流通

次いで，枝肉・部分肉流通についてみていく。枝肉・部分肉流通とは屠殺場において肉牛を屠殺後，枝肉に解体し加工，処理が行われた後の流通である。生体から枝肉へと変化した牛肉は屠殺場を経由して，需要者である食肉問屋（食肉卸売業），食肉量販店，食肉加工業者，全農等によってさらに加工・処理され大半は部分肉，加工食肉となり，また一部は枝肉のまま小売商へと販売されて，精肉へと加工・処理が行われた後に消費者に販売される。

食肉の流通においては，卸売，小売段階の各流通段階の内部に生産過程を組み込んだ流通というのが特徴となっている。その概念は，従来のカテゴリーを採用すれば「流通加工」である。商人は単に安く買って高く売るだけではなく，その中間に生産加工の活動を行い，$G-W……P……W'-G'$という産業を内包した「生産的労働」[64)]を行う活動主体なのである。そのなかでもとくに，屠殺・解体は牛肉の加工段階においては必要不可欠であり，その

際の屠殺場の役割は非常に大きいものであるといえる。

　歴史的には明治期に制定された「屠場法」(1906年制定)により始まる。当初,「屠場法」制定の契機となったのは肉食の大衆化により場所を選ばない牛の屠殺や死畜・病畜を食用に販売するものが多数存在するようになったことである。その対策として,この法律は,衛生および保安管理を行う目的をもって制定された。また,屠畜場の設立・運営・管理は地方公共団体に優先的に行わせるという原則がとられた[65]。その後の「屠畜場法」(1953年制定)[66]では地方公共団体優先という規定は失われたものの,このような歴史的経緯から日本の屠畜場においては1906年制定の「屠場法」以来,県や市町村といった,地方公共団体によって設立・運営されることが一般化したのである。

　現在,日本の屠畜場は食肉卸売市場併設屠畜場,一般屠畜場,食肉センターの三つに大別される。屠畜場は旧来,「地方自治体が設立経営し,施設を食肉業者(食肉問屋)の利用に供し,利用者から施設利用料を徴収し,収入にあてている。利用にあたっては慣行的利用権をもつ業者によって利用組合が組織され,と畜解体業務が行われてきた。したがって,と畜解体は食肉流通の要ではあるが,事業上は卸に付随する形で存在してきたので,と畜解体事業それ自体の企業的発展はおこらなかった」[67]のである。このような旧来の形態は,一般屠畜場に強く残っている。食肉卸売市場併設屠畜場においては,旧来の形態から「市場の移転,施設設備の更新を契機に,東京都,大阪市をはじめと畜解体業務を自治体直営にするところが多くなっている。また,と畜業務は生産者からの委託によって行われるシステムをとっている。と畜解体料金は生産者に請求され,生産者は肉牛をと畜してもらい,枝肉にしたうえで市場の荷受会社を通して市場に上場する」[68]としている。また,食肉センターの経営は,「(a) 地方自治体によるもの(地方自治体直営,食肉センター運営業務を専門に行う一部事務組合の設立,地方公社の設立),(b) 生産者団体の経営によるもの(単位農協および経済連の直営,食肉センター運営業務を独立して行う専門農協の設立,系統農協出資の系列会社=株式会社の設立),(c) 食肉業者団体の経営によるもの(食肉業者協同組合の直営,食肉業者協同組合の出資による株式会社の設立),(d) 以上の3者の混合出資

表2-1：市場・センター別の畜種別構成割合（2004年）

(単位：%)

| | 和牛雌 | 和牛去勢 | 乳用牛雌 | 乳用牛去勢 | 交雑種雌 | 交雑種去勢 | その他の牛 | 全体 |
|---|---|---|---|---|---|---|---|---|
| 中央市場 | 20.8 | 26.7 | 12.9 | 7.9 | 15.5 | 15.0 | 1.2 | 100.0 |
| 指定市場 | 14.5 | 24.8 | 5.0 | 16.4 | 18.8 | 20.1 | 0.4 | 100.0 |
| 食肉センター | 16.1 | 20.4 | 3.3 | 37.5 | 8.3 | 11.5 | 2.9 | 100.0 |
| 全体 | 17.4 | 23.1 | 6.7 | 24.9 | 12.1 | 13.8 | 2.0 | 100.0 |

注：①その他の牛とは、和牛、乳用牛、交雑種の雄および外国種をいう。
資料：(社)日本食肉格付協会、『格付け結果の概要（平成16年報）』、2005年、(社)日本格付協会をもとに作成。

で設立された会社（株式会社）の経営によるもの」[69)]に区分されている[70)]。

　経済原論的には、一般に流通する場が市場と定義されるのであるが、牛肉の流通においては、一般的に食肉中央卸売市場に上場され、格付け後[71)]セリによる価格形成が行われるものを市場流通、食肉中央卸売市場を経由せず食肉センター、一般屠畜場のみを経由したものを市場外流通という。市場流通において価格が形成され、その価格が公表されることは、市場外流通において公正性のある価格形成を構築するために非常に重要な役割を担っていると考えられる。なぜならば、市場流通における価格形成を一つの基準として市場外流通においての価格決定が行われているからである[72)]。

## 4　市場・センター別の畜種別構造

　2004年の市場・センター別の畜種別構成割合（表2-1）をみてみると、特徴として次の三点があげられる。第一に、中央市場においては品質のみならず産地や血統によっても評価が大きく分かれる和牛雌、去勢の構成割合が合計で47.5％と非常に高いが、低価格で品質にそれほど差異の見られない乳用牛去勢では7.9％と低い水準である。第二に指定市場においては交雑牛雌、去勢の構成割合が38.9％と最も高い水準を示している。第三に食肉センターでは和牛全体では36.5％とそれほど低い水準ではないが交雑種の構成割合が19.8％と低く、それに対して乳用牛去勢が37.5％であり、乳用牛雌との合計で40.8％と高い水準になっている。このことから、同じ等級であっても品質に大きな差異のみられる和牛については基本的に市場取引が多く一頭一頭

の個性に基づいてセリによる価格形成が行なわれているのに対して，品質にそれほど大きな差異の見られない安価な牛肉としての乳用牛[73]では市場外取引が多いということがわかる。

表2-2：中央卸売市場における搬入枝肉頭数の推移

| 年 | 入場頭数 | |
|---|---|---|
| | 上場頭数 | 搬入枝肉頭数 |
| 2001 | 293,780 | 55,097 |
| 2002 | 342,855 | 86,043 |
| 2003 | 317,586 | 72,790 |
| 2004 | 335,418 | 73,447 |

資料：農林水産省統計部編，『畜産物流通統計』，農林統計協会，各年版をもとに作成。

　小売業の業態について分析すれば，良質の和牛などを主要商品として販売する精肉専門店では，和牛においては格付け等級が同じであっても一頭一頭に個体差が存在しているので，そのなかで最も良質の牛肉を選別し，さらに消費の多様化に対応する加工技術および機能など，職人的な熟練や専門性が要求されている。すなわち同じ商品であるが，競合店にはない良質の牛肉を熟練された職人が加工を行い販売することにより，競合店に対して製品差別化[74]を行い，専門性やオリジナリティを出すことが販売戦略上重要であるために，セリに基づく市場取引を志向している。また，低価格競争が激化しているスーパーなどの量販店は，競合店よりも低価格で販売することにより，大量販売を行うために，標準的な加工が施されているスペック化された部分肉[75]を購入するなど作業における加工段階の単純化や標準化を行うことにより作業効率を向上させることが低価格での販売上重要であるといえる。作業効率の向上および低価格販売を可能にするために，国産牛肉のなかでも比較的仕入れ価格が安く，品質にそれほど差異がなく，低価格販売が可能な乳用牛を取り扱う比率が高くなる。そのために，乳用牛を主として取り扱っている食肉センターのみを経由する市場外取引を志向する傾向が強いということがいえる。

　乳用牛の市場経由率が食肉中央卸売市場などで著しく低い要因として産地からの枝肉搬入比率が増加したとはいうものの，表2-2に示されるように，中央卸売市場においては，いまだに生体での荷受が主流[76]であり，大衆的な牛肉である乳用牛では産地食肉センターで屠殺・解体が行われた枝肉を購

入し，大手食肉メーカーなどが，産地食肉センター近隣の自社工場で部分肉の段階まで加工を行ったほうが流通費用を削減できるということがあげられる。そのために大衆的牛肉である乳用牛は市場外流通，良質な和牛は市場流通の中心となったと考えられる。

　市場流通と市場外流通が分離することは食肉の価格形成にさまざまな影響をもたらしていると考えられる。その一つとして上場頭数の問題があげられる。市場経由率はそれほど低い水準ではないが畜種別にみると和牛は構成割合が高く価格を形成するにあたって市場外流通において指標となるだけの上場頭数があるということがいえるが，乳用牛の構成割合が著しく低く上場頭数が少ないために食肉卸売市場で形成された価格が需給実勢を反映しておらず，乳用牛の市場価格が市場外流通の指標となることが困難であるということを示している。すなわち，乳用牛においては市場経由率が著しく低いために，卸売市場価格形成機能が脆弱であり，乳用牛における食肉市場外流通で価格決定が行えるだけの上場頭数がないということがいえる。そのため現段階では各企業によりさまざまな方法がとられているが，市場価格の指標となり得る参考価格の確立には至っていない。

　乳用牛の価格決定については，ある大手食肉加工メーカーでは，一つの典型的事例と思われるが，生産者と長期契約を行い，生産者販売価格はセリによるものではなく，一つの卸売市場および複数の卸売市場，指定市場において格付けされた同クラスの週間の加重平均価格が，次週の大手食肉加工メーカーの購入価格となる。また，価格決定を行う際の加重平均の利用は，複数の市場の加重平均を利用して価格決定することが多い。複数の市場の加重平均を利用する理由としては，市場流通のシェアが低いために一市場のみでは建値を形成するための参考価格とならず，需給実勢を反映することが困難であることがあげられる。さらに，購入頭数などは事前に決定し，小売業には，その購入価格に対し，季節ごとの部位別需要などを勘案して，部位別の原価計算を行い，運送，加工費用などの流通費用および利益を加算して販売するという方法がとられている[77]。

表2-3：牛1頭当たり生産費

(単位：円, %)

|  | 2004年(A) | 2005年(B) | B/A |
|---|---|---|---|
| 去勢若齢肥育牛1頭当たり生産費(副産物価格差引) | 695,262 | 782,628 | 112.6% |
| 乳用雄育成牛1頭当たり生産費(副産物価格差引) | 122,919 | 125,967 | 102.4% |

資料：農林水産省大臣官房統計部編，『畜産物生産費』，大臣官房統計部，各年版をもとに筆者作成。

　この長期契約に基づく価格決定方法のメリットとして，生産者は需要の変動に関係なく，ある程度の出荷頭数および出荷先を確保しているために，不確実性の高いセリ取引のみに収入源を依存したものとは異なり，確実性の高い収入の確保が可能となる。さらに，大手食肉加工メーカーにとっては，小売業に対して安定した供給が可能となり，市場流通におけるセリ取引とは異なり，契約に基づき卸売市場の前週の加重平均などにより価格決定が行われているので，小売業に対する販売価格においても，同クラスであればすべて同価格での購入が可能となるために，セリ取引と比較して，購入価格における差が存在しないためにまとまった頭数のフルセットおよび部位別の販売価格の固定が可能となるなどがあげられる。

## 第5節　生産から消費にいたる牛肉の価格形成プロセス

### 1　生体流通段階の価格形成

　まず，去勢若齢肥育牛および乳用雄育成牛1頭あたりの生産費であるが，表2-3に示されるように去勢和牛1頭当たり（副産物価格差引）の生産費は2005年では782,628円であり，2004年の695,262円よりも12.6％高い水準となっている。これに対し，乳用雄育成牛1頭当たり（副産物価格差引）の生産費は2004年では122,919円であるが，2005年は125,967円と2.4％増加しているのみである。これは，去勢和牛では素畜費[78]が，2004年の364,453円から437,530円に20.1％と高く上昇しているのに対し，乳用雄育成牛においては素畜費が2004年の47,655円から49,593円へと4.1％のみの増加にとどまっていることが大きな要因であるといえる。このことから，素畜費の変化が牛1頭当たりの生産費に大きな影響を与えていると考えられる。

表2-4：飼養頭数規模別1頭当たり生産費（2004年）

(単位：円)

| 生産費(副産物価格差引) | | | |
|---|---|---|---|
| 飼養頭数規模 | 去勢若齢肥育牛 | 飼養頭数規模 | 乳用雄育成牛 |
| 1～10頭未満 | 805,235 | 5～20頭未満 | 124,353 |
| 10～20 | 777,464 | 20～50 | 118,123 |
| 20～30 | 737,392 | 50～100 | 122,673 |
| 30～50 | 735,755 | 100～200 | 124,077 |
| 50～100 | 712,395 | 200頭以上 | 122,885 |
| 100～200 | 689,255 | | |
| 200頭以上 | 639,902 | | |

資料：表2-3に同じ。

　次に，2004年の飼養頭数規模別の1頭当たり生産費(表2-4)をみてみると，去勢若齢肥育牛，乳用雄育成牛ともに最小単位である1～10頭，5～20頭未満では1頭当たりの生産費が非常に高くなっている（去勢若齢肥育牛805,235円，乳用雄育成牛124,353円）。飼養頭数規模が200頭以上になると，去勢若齢肥育牛においては1頭当たりの生産費が200頭以上の場合1～10頭未満の場合に比べて，10万円以上安くなっており（去勢若齢肥育牛639,902円），去勢若齢肥育牛における飼養頭数の規模の増加は，いわゆる「規模の経済」が作用して，収益の向上に寄与するということがわかる。

　しかしながら，乳用雄育成牛においては，飼養頭数規模を200頭以上に増加させても，1頭当たりの生産費は，122,885円であり，生産費に若干の低下がみられるものの，大きな変化がみられていないことがわかる。このことから，飼養頭数規模を増加させても素畜費，飼料費などの頭数に単純比例の性格をもつ生産費用が，大部分を占めるために，米などの農作物と比較して，大幅な生産費の削減をみることができていないといえる。

　乳用雄育成牛は輸入牛肉と競合関係にあるため大量生産で安定した供給と一定の品質が求められるため，飼養頭数規模を拡大し1頭当たり生産費を低下させ，低価格で大量に販売することは収益性の向上に有効であると考えられる。しかし，日本では和牛などの脂肪交雑[79]や肉のきめなどの品質や神戸牛や松坂牛に代表されるようにブランド牛に対する志向が非常に強い。い

表2-5：牛肉価格の推移

(単位：キロあたり円)

| 年 | 産地価格 | | 枝肉卸売価格 | | | |
|---|---|---|---|---|---|---|
| | 去勢肥育和牛 | 指数 | 去勢和牛 | 指数 | 乳用肥育雄牛 | 指数 |
| 1994年 | 1,097 | 100 | 1,758 | 100 | 923 | 100 |
| 1995年 | 1,096 | 100 | 1,704 | 97 | 896 | 97 |
| 1996年 | 1,063 | 97 | 1,727 | 98 | 974 | 106 |
| 1997年 | 1,120 | 102 | 1,817 | 103 | 1,095 | 119 |
| 1998年 | 1,117 | 102 | 1,768 | 101 | 1,032 | 112 |
| 1999年 | 1,085 | 99 | 1,666 | 95 | 959 | 104 |
| 2000年 | 1,063 | 97 | 1,655 | 94 | 1,071 | 116 |
| 2001年 | 975 | 89 | 1,540 | 88 | 935 | 101 |
| 2002年 | 922 | 84 | 1,508 | 86 | 733 | 79 |
| 2003年 | 1,128 | 103 | 1,877 | 107 | 968 | 105 |
| 2004年 | 1,236 | 113 | 2,008 | 114 | 1,142 | 124 |

注：産地価格は，生体10kg当たりのものを1kg当たりに換算した。
資料：産地価格は，農林水産省大臣官房統計部編，『農業物価統計』，農林統計協会，各年版，枝肉卸売価格は，農林水産省統計部編，『畜産物流通統計』，農林統計協会，各年版をもとに筆者作成。

いかえれば，日本では単純に飼養頭数規模を拡大させ，1頭当たりの生産費を低下させることだけが，収益性の向上につながるとはいえないと考えられる。

次に，牛肉の産地価格の推移（表2-5）についてみていくと去勢肥育和牛若齢は1994年の1,097円／kgから2004年の1,236円／kgへと上昇がみられる。価格に大きな下落がみられたのは，2001年，2002年であり，1994年を100とする指数においてともに10以上減少している。この要因として国内で発生したBSEをあげることができる。

次に，枝肉卸売価格の推移であるが，1994年と2004年を比較すると去勢和牛，乳用肥育雄牛ともに上昇がみられる。枝肉卸売価格の上昇要因として，2003年の米国におけるBSEの発生による米国産牛肉の輸入禁止措置や消費者の輸入牛肉の買い控えなどの影響を受け，国産牛肉の需要が増加したことが考えられる。とくに，乳用肥育雄牛においては，輸入牛肉との競合により生産を減少させたこと，BSE発生時に生産頭数を減少させたことも大幅

表2-6：牛肉に対する支出金額，購入数量

| 年 | 全国 | |
|---|---|---|
| | 支出金額(円) | 購入数量(g) |
| 1994 | 32,905 | 12,245 |
| 1995 | 32,385 | 12,335 |
| 1996 | 29,425 | 10,938 |
| 1997 | 30,632 | 11,015 |
| 1998 | 28,897 | 10,543 |
| 1999 | 27,643 | 10,399 |
| 2000 | 26,140 | 10,099 |
| 2001 | 21,128 | 8,205 |
| 2002 | 20,076 | 7,694 |
| 2003 | 21,507 | 7,963 |
| 2004 | 21,102 | 7,113 |

注：数量金額とも1世帯あたり。
資料：総務省統計局編，『家計調査報告』，日本統計協会，各年版。

な枝肉卸売価格の上昇要因の一つであるといえる[80]。

牛肉価格は，1994年の水準と比較すると産地価格，枝肉卸売価格ともに上昇している。しかしながら，消費局面においては，表2-6に示されるように，2001年の国内におけるBSE発生以降の全国的な牛肉需要の減少，相次ぐ牛肉偽装問題などによる食の安全性への信頼の欠如などの影響により，需要は停滞しているといえる。

また，表2-5から2004年における牛1頭あたりの産地価格をみていく。去勢肥育和牛若齢の出荷時の一般的な重量は約650kgであり，803,400円である。さらに，枝肉卸売価格での牛1頭当たりの価格は，去勢和牛の2004年全国枝肉平均重量[81]は441.7kgであり1頭当たり886,933円である。屠殺，解体の加工を経て枝肉となり，卸売業者などが購入した時点で価格が上昇していることがわかる（去勢和牛1.10倍）。

さらに，次節で詳しくみていくが，屠殺場で枝肉へと加工・処理された枝肉は卸売業者（加工食肉メーカー，食肉卸売問屋，全農など）を経て一部は枝肉のまま，大半は部分肉となり小売業者（食肉小売店，スーパー，外食業者など）へ販売される。卸売業者の小売業者への販売時の価格形成は枝肉およびフルセット[82]では相対交渉による価格決定メカニズムがあり，その他の方法としては，市場相場スライド（歩留＋経費加算）[83]などの方法がある。とりわけ，部分肉は各地域，季節，各企業などにより異なるが部位別の計算式を用いて価格形成がなされている。また，小売業者の仕入時の価格形成では和牛は食肉卸売市場価格を参考とした現物相対交渉が主流である。乳用牛

表2-7：部分肉の原価計算表

| | 正肉構成比(%) | 重量(kg) | 等価係数 | 積数 | 積数比 | 原価額(円) | 単価(円/kg) |
|---|---|---|---|---|---|---|---|
| ネック | 5.3 | 15.4 | 900 | 13,860 | 0.029 | 12,198 | 792 |
| 肩ロース | 10.2 | 29.6 | 2200 | 65,120 | 0.136 | 57,309 | 1,936 |
| 肩バラ | 10.0 | 29.2 | 1100 | 32,120 | 0.067 | 28,267 | 968 |
| 肩 | 11.3 | 32.8 | 1650 | 54,120 | 0.113 | 47,628 | 1,452 |
| 肩スネ | 3.2 | 9.4 | 900 | 8,460 | 0.018 | 7,445 | 792 |
| リブロース | 4.5 | 13.2 | 2800 | 36,960 | 0.077 | 32,527 | 2,464 |
| サーロイン | 6.0 | 17.4 | 3000 | 52,200 | 0.109 | 45,939 | 2,640 |
| ヒレ | 2.8 | 8.0 | 4000 | 32,000 | 0.067 | 28,162 | 3,520 |
| 中バラ | 9.0 | 26.2 | 1100 | 28,820 | 0.060 | 25,363 | 968 |
| 外バラ | 8.7 | 25.2 | 1100 | 27,720 | 0.058 | 24,395 | 968 |
| 内モモ | 7.3 | 21.2 | 1550 | 32,860 | 0.069 | 28,919 | 1,364 |
| 外モモ | 7.3 | 21.2 | 1500 | 31,800 | 0.066 | 27,986 | 1,320 |
| マル | 6.4 | 18.6 | 1550 | 28,830 | 0.060 | 25,372 | 1,364 |
| ランプ | 6.1 | 17.6 | 1650 | 29,040 | 0.061 | 25,557 | 1,452 |
| トモスネ | 2.0 | 5.8 | 900 | 5,220 | 0.011 | 4,594 | 792 |
| 合計 | 100.0 | 290.8 | | 479,130 | 1.000 | 421,660 | |

注：①部分肉の原価試算表は、卸売、小売業者において慣習的に使われている計算方法である。
　　②仕入単価1,450円／kg　金額：421,660円。マル、中バラは関西での部位名称で関東など他地域ではシンタマ、内バラという部位名称[87]を使用する場合もある。
　　③上記の牛肉は、乳用牛の原価評価を行ったものである。なお、和牛などの高級牛肉においては、ヒレ、ロース部位の係数がさらに高くなり、バラ、モモ部位の係数が低くなるという傾向がみられる。
　　資料：2004年から2008年にかけての複数の企業聞き取り調査にもとづいて筆者作成。

および部分肉は市場相場スライドや計算式によるものなどがある[84]。

## 2　枝肉・部分肉流通段階の価格形成

　卸売業者、小売業者が部分肉、精肉を販売する際の価格形成は以下になる。まず、計算式を用いて各部位の原価評価を行い、次に、仕入原価を各部位に割り振る。その後に運送費、加工賃、利益などを加算して部分肉、精肉の販売価格が決定される。さらに部位別の価格が決定されるのであるが、一般には部位別係数の考え方が用いられる。表2-7は牛肉の原価計算表である。この原価計算表に基づいて、歩留[85]、運送費、加工賃、利益などを加算して卸売業者は部分肉の価格形成を、小売業者は部分肉の歩留、資材費、利益などを加算して精肉の価格形成を行っている。なお、部位別の等価係数は日本食

表2-8：小売段階での精肉の販売価格

|  | 重量(kg) | 単価(円) | 粗利益率(%) | 販売単価(円/kg) |
|---|---|---|---|---|
| ネック | 13.1 | 930 | 25 | 1,240 |
| 肩ロース | 25.2 | 2,272 | 25 | 3,030 |
| 肩バラ | 24.9 | 1,136 | 25 | 1,515 |
| 肩 | 27.9 | 1,704 | 25 | 2,272 |
| 肩スネ | 8.0 | 930 | 25 | 1,240 |
| リブロース | 11.2 | 2,892 | 25 | 3,856 |
| サーロイン | 14.8 | 3,099 | 25 | 4,132 |
| ヒレ | 6.8 | 4,132 | 25 | 5,509 |
| 中バラ | 22.3 | 1,136 | 25 | 1,515 |
| 外バラ | 21.5 | 1,136 | 25 | 1,515 |
| 内モモ | 18.1 | 1,601 | 25 | 2,135 |
| 外モモ | 18.1 | 1,549 | 25 | 2,066 |
| マル | 15.8 | 1,601 | 25 | 2,135 |
| ランプ | 15.0 | 1,704 | 25 | 2,272 |
| トモスネ | 4.9 | 930 | 25 | 1,240 |
| 合計 | 247.8 |  |  |  |

注：①部分肉から精肉への歩留は杉山道雄，『畜産物生産流通構造論』，明文書房，1992年をもとに一律85.2％，粗利益率も一律25％に設定した。
②単価は歩留計算後の仕入単価を示している。
③セットでの仕入原価は，小売段階での仕入単価1kg当たり1,450円。これを歩留率85.2％で除して1kg当たり1,702円となる。この仕入単価に対して，粗利益率25％に設定すると，セットでの販売単価は1kg当たり2,269円となる。
資料：表2-7をもとに筆者作成。

肉センターの部位別価格，各地域の部位別需要の強弱などを勘案して，各流通主体において決定される。また，係数の取り方については品質の高い和牛と乳用牛などの一般的に品質のあまり高くない牛肉では大きく異なる。品質が高い牛肉ほどヒレ，ロース部位は大きく係数を取る傾向にあり，一方品質の低い牛肉は各部位ともに幅の少ない係数が取られている。このことは日本の牛肉の部位別格差が大きいことの原因となっている。このように係数決定の際には同じ等級，同品質，同価格帯のものを同じ係数で利用する。さらに，係数は季節，商品用途などの条件によっても大きく変動する[86]。理由としては季節，商品用途により部位需要に大幅な変動がみられるためである。積数とは部分肉重量と係数の積数である。積数比は積数の合計値を1として部位別の割合を計算したものである。この積数比に原価額を掛け合わせて部位別

の原価が算出される。

　また，卸売業者が枝肉を部分肉に，小売業者が枝肉および部分肉を精肉に加工するには，小売業者の種類（専門店，スーパーなど）や季節，商品用途別により歩留に大きな差がみられる。その理由として，卸売業者が部分肉をスーパーや量販店などの小売業者に販売する際は，部分肉から精肉へと加工する段階での作業の効率化，省力化を図るために各企業独自の整形，スペックで販売される。さらに，小売段階では牛肉の品質や商品別の用途により大きく異なり，一定の歩留基準やカット基準がないことがあげられる。仕入れる状態にもよるが，平均的な精肉歩留は部分肉に対して約85.2％であり，枝肉に対しては約63.9％になるとしている[88]。

### 3　精肉流通段階の価格形成

　次に，小売業者が部分肉を仕入れ，精肉に加工して販売するまでの価格推移を表2-8に示した。歩留については製造する商品により大幅な変化がみられる。さらに，歩留は各企業の精肉加工工程における目標値として設定されることもあり，各商品の歩留は，各企業により異なる。このような各企業における全商品の歩留を把握することはきわめて困難であるので，部分肉からの精肉歩留の平均数値85.2％を一律のものとした。また，利益率についても，通常の販売では季節の変化などにともない，需要も大幅に変化するため相乗積[89]を用いて部位別に異なる粗利益率を設定し，最終的に仕入れた牛肉全体の平均利益率を算出するのであるが，地域別および各店舗別の部位別需要の把握を行うことは非常に困難なため粗利益率25％を一律に設定し小売販売単価を算出した。表2-7，2-8をみてみると，仕入れ時の部分肉重量は290.8 kgであるのに対し精肉となり消費者に販売される重量は247.8 kg，販売単価も平均で1 kgあたり1,702円となっている。また部位別価格ではヒレ，サーロインなどの高級部位の価格の上昇が著しく，バラ部位やモモ部位との格差が非常に大きいということがわかる。また，仕入単価1,450円／kg，421,660円で仕入れた部分肉セットは，表2-8から小売業が精肉にして，粗利

表2-9：品種別，業態別の牛肉の粗利益率（2004年）

| | 専門店 | スーパー | 生協，農協 | 総数 |
|---|---|---|---|---|
| 和牛肉 | 21.5 | 15.0 | 13.6 | 18.2 |
| 国産乳牛肉 | 24.0 | 21.4 | 19.5 | 22.1 |
| その他の国産牛肉 | 23.7 | 20.9 | 18.9 | 21.9 |
| オーストラリア産牛肉 | 24.3 | 24.1 | 24.4 | 24.2 |

注：①平均粗利益率は粗利益率の範囲の中央値を用いて算出した。
　　②調査店舗数は，総数で603店舗である。業態の内訳は，専門店332店，スーパー206店，生協，農協ストア65店である。
資料：(財)日本食肉消費総合センター，『季節別食肉消費動向調査報告［食肉販売店調査］，2004年10月調査，2005年をもとに筆者作成。

益率25％で消費者に販売を行うと平均で2,269円／kgとなる。これを精肉加工後の重量247.8kgと掛け合わせると，販売金額の合計で562,258円（1.56倍）となり大幅に価格が上昇していることがわかる。利益率は各段階，各企業において一定ではなく，利益率や小売段階での精肉歩留まりの把握は非常に困難であるが，生産から小売段階までの価格の推移をみていくと，生体から枝肉へ変化し，卸売業者などが購入する時点と，部分肉から精肉となり，消費者が購入する際に価格の大幅な上昇がみられることがわかる。生体から枝肉へ変化する段階では生産地から屠殺場までの流通費用，施設使用料などが考えられる。また，輸送費用ではとくに和牛など品質が高く高価格での販売を志向する生産者は生産地から生体で大消費地のある中央卸売市場併設屠殺場への輸送を行うために輸送コストが大きくなるということが考えられる[90]。

　小売段階における品種別，業態別の牛肉の平均粗利益率について表2-9をみると，品種別には，オーストラリア産牛肉の平均粗利益率が最も高く，すべての業態で24％以上となっている。次に，国産乳牛肉，その他の国産牛肉と続き，和牛肉においては，他の品種と比較して最も低い平均粗利益率となっている。業態別にみると，専門店では，全品種の平均利益率を20％以上確保しているが，スーパーや生協，農協などの和牛の平均粗利益率はともに低くなっている。平均粗利益率のみをみると，スーパーや生協，農協などは，和牛や国産牛肉を専門店と比較して安い価格で販売していると考えられる。

小売段階における平均粗利益率は，最も高いもので24.4％と高い水準であるとはいえない。しかしながら，小売段階においては，安定した利益を確保するために売価設定を行う際に，あらかじめある程度の見切り販売や販売期限切れによる売れ残り商品の廃棄ロスなどを見込んで利益率を高く設定し，ロス率を含めた売価設定を行っていることが考えられる。このようにロス率を考慮に入れた平均粗利益率を大きく上回る売価設定が小売段階における大幅な価格の上昇要因になっていると考えられる。

　生産から消費までの流通経路，価格形成プロセスについてみてきたが，産地価格では1994年の水準から，去勢肥育和牛では若干の上昇がみられる。また，枝肉卸売価格の推移であるが去勢和牛，乳用肥育雄牛においては，国内で発生したＢＳＥの影響により1994年の価格から一時的に下落がみられているが，2004年時点では1994年よりも高い水準となっている。価格下落の大きな要因としては，日本国内でのＢＳＥの発生などによる需要の減退があげられる。次に，2004年の価格上昇の要因については，米国産牛肉にＢＳＥが発生し，輸入禁止となったことを契機に需要が若干増加したことなどが考えられる。

　屠殺後に加工・処理が行われ枝肉，部分肉，精肉へと解体され最終的な小売段階では，生産段階と比較して大幅に価格が上昇している。この小売価格が産地価格に対し大幅に上昇した要因としては，流通経路が非常に長く，牛肉流通にかかわる流通主体の数が多いことと，枝肉以降の流通内部に加工が含まれていることが考えられる。とくに屠殺以降は枝肉から部分肉への段階，部分肉から精肉への段階など加工・処理を行う過程で幾度も加工料，運送料および利益などが加算されていくために最終的に消費者が購入する段階では大幅に価格が上昇しているという結果がもたらされているのである。

### 第6節　牛肉流通の課題

　牛肉の流通経路，生産から消費までの価格形成のプロセスについてみてき

たが，流通経路が長く，牛肉の価格は，流通内部に加工が必要とされる枝肉価格から大幅に上昇しているという結果が得られた。大きな要因としては枝肉となった時点から消費までの間に複数の流通主体が存在し，その流通内部に加工が含まれており，このことから複数の加工賃などの手数料，利益が発生しているということがあげられる。すなわち，複数の流通主体の存在により，各流通主体のなかでそれぞれに手数料，利益が発生しているということが牛肉の流通費用を高額にし，結果的に最終使用者である消費者の購入価格が高くなっているといえる。

物流費用の対策については，1970年代以降食肉需要の高まりを背景に，生産性の向上とともに物流費用低減，価格形成の公正性を目的として①産地食肉センターの整備，②部分肉センターの整備，③牛枝肉規格の改正などが行われた[91]。その結果，産地食肉センターは市場外流通の拠点として機能することとなったが，乳用牛における流通量は多く，部分肉までの加工を産地食肉センターで行うことによって流通経路の短縮が行われており，物流費用の低減が行われていることがいえるが，和牛の流通量は少ない。多くが中央卸売市場へ生体での出荷となるため和牛の物流費用が低減されているとはいえない。また，乳用牛の市場外流通シェアの高さは，市場流通シェアの低さを示している。そのことは乳用牛の卸売市場価格が乳用牛価格の一つの参考にはなるが指標となりえておらず，明確な基準価格の形成が行われていないと示されている。したがって，根拠がより明確な基準価格の形成が要求されると考えられる。なぜならば，明確な基準価格の形成ができなければ，小売段階で市場価格の確認機能が働かず，卸売価格が市場の需給実勢を反映しないものになる可能性があり，さらには卸売価格と小売価格に大幅な乖離が生じるおそれがあり，流通段階での価格形成に公正性をもたせることが困難になるからである。また，産地食肉センターの整備，小売業態の変化などにより流通形態も枝肉流通から部分肉流通へと変化していった。流通形態の変化に対応する形で部分肉センターの整備が行われ，部分肉価格の公表が行われるようになったが，表2-10にみられるように，部分肉センターの総流通量は年々減少傾向にある。2004年の国産牛部分肉の総流通量は22,286.4トンで

表2-10：部分肉センター総流通量

(単位：トン)

| | 総流通量 | | 国産牛部分肉 | | 国産豚部分肉 | | その他食肉 | |
| --- | --- | --- | --- | --- | --- | --- | --- | --- |
| | 流通量 | 1日あたり | 流通量 | 1日あたり | 流通量 | 1日あたり | 流通量 | 1日あたり |
| 1994年 | 130,883.9 | 443.7 | 58,936.1 | 199.8 | 30,782.1 | 104.4 | 41,165.7 | 139.5 |
| 1995年 | 132,566.8 | 449.4 | 57,990.9 | 196.6 | 29,005.9 | 98.3 | 45,570.0 | 154.5 |
| 1996年 | 116,066.9 | 394.8 | 51,025.5 | 173.5 | 27,538.7 | 93.7 | 37,502.7 | 127.6 |
| 1997年 | 106,197.4 | 360.0 | 43,854.0 | 148.7 | 24,403.4 | 82.7 | 37,940.0 | 128.6 |
| 1998年 | 103,937.0 | 354.7 | 39,997.4 | 136.5 | 26,214.3 | 89.5 | 37,725.3 | 128.7 |
| 1999年 | 97,877.4 | 332.9 | 36,532.4 | 124.3 | 22,445.2 | 76.3 | 38,899.8 | 132.3 |
| 2000年 | 89,134.2 | 298.1 | 34,847.2 | 116.5 | 19,762.1 | 66.1 | 34,524.9 | 115.5 |
| 2001年 | 73,491.9 | 247.2 | 24,660.0 | 82.9 | 17,303.8 | 58.2 | 11,335.6 | 38.1 |
| 2002年 | 73,492.4 | 251.7 | 24,513.0 | 83.9 | 16,444.4 | 56.3 | 32,535.0 | 111.5 |
| 2003年 | 69,128.2 | 234.3 | 23,419.5 | 79.4 | 14,207.1 | 48.2 | 31,501.6 | 106.7 |
| 2004年 | 67,071.2 | 213.3 | 22,286.4 | 76.6 | 11,764.6 | 40.4 | 28,020.2 | 96.3 |

注：①その他は内臓，食鳥，輸入肉，加工品等。
　　②1日あたりの数量は，流通量を稼働日（日，祝祭日，年末年始の休日を除いた日数）で除して得たものである。
資料：(財)日本食肉流通センター「業務月報」，http://www.jmtc.or.jp/jmtc2/index.jsp

あり，1994年の58,936.1トンと比較すると60％以上の大幅な減少がみられる。この部分肉センター流通量の減少は，乳用牛枝肉卸売価格と同様に部分肉価格情報が，明確な基準価格となるには困難になってきていることを示している[92]。現在，卸，小売間での流通は部分肉流通が主流であり，枝肉時のセリでの公開価格形成同様に明確な基準を設定する必要がある。つまり，牛肉においては1頭1頭に個体差が存在することから，枝肉時の格付けに基づいて1頭すべての部分肉価格を形成するのではなくカタ，ロース，バラ，モモ等，分割された部分肉段階での歩留，品質等の等級基準の設定が，明確な部分肉の基準価格を形成するために必要であるといえる。

　今後の牛肉流通の課題としては，各段階での参考となりうる基準価格の形成，さらに，複数の流通主体で行われている牛肉の加工・処理などにかかる流通費用の削減などがあげられる。つまり，生産から消費までの流通チャネルの短縮（枝肉以降の加工・処理過程の統合），明確な基準価格を設定し，公表することにより生産，卸，小売，消費における各段階での情報の非対称性の解消を行うことにより，透明性が確保された価格形成が必要であると考

えられる。

### 第7節　まとめ

　以上のように，生産から消費までの牛肉の価格形成プロセスについてみてきたが，次の三点を指摘することができる。第一の特徴は，他の流通業とも多少は共通するのではあるが，屠殺後の卸，小売の各段階においても流通内部に商品形態を変化させる生産活動を内包した「生産的活動」であり，新たな使用価値を形成しているということである。これは従来の理論概念を使えば，「流通加工」であるが，流通のプロセスが顕著に生産的加工とも重複している

　第二に，生産段階では「規模の経済」により生産費は削減されるとはいうものの，素畜費，飼料費などの削減が困難なため，大幅な削減をみることができない。さらに，日本人は牛肉に対して，鮮紅色のサシ重視など高品質を非常に重視する傾向が強いために，生産費用の削減のみを追求することは困難であるといえる。なぜならば，高品質の牛肉を作るためには，生産段階において，肥育日数の長期化，良質な飼料を与えるなど生産者の経済的負担が大きくなるからである。

　第三に生産から消費までの流通経路が長く，また，流通主体が多様に存在していることである。とくに屠殺後における加工，処理が特異であり，流通主体が複数存在することにより，精肉となった小売段階での販売価格は枝肉価格と比較して大幅に上昇していることが分析できた。

　今後の牛肉流通プロセスにおける課題としてはまず，生産段階においては，生産費の削減を行いつつ，高品質な牛肉の生産方法を確立させることが必要である。次いで，枝肉・部分肉流通過程での加工，処理の生産工程上の合理化を行うことにより，「流通加工」の効率化を行い，流通費用の削減を図り，輸入牛肉との競合に優位性を持たせることが重要である。さらに，生産から消費までの各段階において参考価格となる基準価格を作成し，その参考価格をもとに生産から消費までの価格における情報の非対称性を解消することが

必要であると考えられる。

# 第3章　国産牛肉に対する消費者意識の変化と供給構造の現状

### 第1節　本章の課題

　近年，フードシステム内部における消費者の位置は重要性を増している。フードシステム内部における供給構造の変化は，消費者意識および行動の変化が大きく影響していると考えられる。そこで，本章は，消費のほうから生産をみるというフードシステム学的な視点から消費者意識および行動の変化をとらえるとともに，国産牛肉の需給構造の現状について検討することを課題とする。

　本章では，第一に，消費者意識の変化，牛肉の購買行動の変化の分析を行う。第二に，既存の統計資料に依拠しつつ，牛肉の需給構造について検討を行う。第三に，牛肉の需給構造の変化を踏まえた上で牛肉の需給構造の現状について考察を行う。

　なお，牛肉の需給構造の分析対象年次は，1985年から2005年までとする。その理由として，この期間内に1991年の牛肉の輸入自由化，2001年の国内におけるBSEの発生，さらに2003年の米国でのBSEの発生など牛肉の需給構造を大きく変化させる要因が含まれていることがあげられる。

### 第2節　牛肉に対する消費者意識の変化

#### 1　牛肉に対する消費者意識

　以下では，現在の牛肉に対する消費者意識をとらえていく。まず，全国における1人あたり牛肉消費量の推移であるが，表3-1に示されるように，1994年から2004年までの推移をみていくと，購入量，金額ともに減少の傾向にある。1994年を100とする指数をみると，1999年から2001年までのあい

表3-1：全国全世帯1人当たりの牛肉購入量および支出金額の推移

| 年 | 購入量(g) | 指数 | 金額(円) | 指数 | 100g当たり購入価格(円/g) |
|---|---|---|---|---|---|
| 1994 | 3,568 | 100 | 9,519 | 100 | 267 |
| 1995 | 3,612 | 101 | 9,476 | 100 | 262 |
| 1996 | 3,205 | 90 | 8,714 | 92 | 272 |
| 1997 | 3,277 | 92 | 9,120 | 96 | 278 |
| 1998 | 3,173 | 89 | 8,638 | 91 | 272 |
| 1999 | 3,151 | 88 | 8,324 | 87 | 264 |
| 2000 | 3,087 | 87 | 7,959 | 84 | 258 |
| 2001 | 2,340 | 66 | 6,029 | 63 | 258 |
| 2002 | 2,499 | 70 | 6,576 | 69 | 263 |
| 2003 | 2,410 | 68 | 6,639 | 70 | 275 |
| 2004 | 2,253 | 63 | 6,697 | 70 | 297 |

注：①数量，金額とも全国全世帯1人当たり。
②100g当たり購入価格は，金額を購入量で除して求めたものである。
資料：総務省統計局編，『家計調査報告』，日本統計協会，各年版をもとに筆者作成。

だ金額の減少率が購入量の減少率よりも大きいことがわかる。さらに，100グラム当たりの購入価格においても2000年，2001年の258円／グラムがもっとも低い単価となっており，1994年と比較しても一時的には上昇がみられるものの，牛肉の低価格化が進行していたといえる。この牛肉の低価格化の要因として，小売店舗間による価格競争の激化，安価な輸入牛肉の購入量の増加などが考えられる[93]。

しかしながら，100グラム当たりの購入価格は，2001年以降，上昇を続けており，2004年においては，297円／グラムと1994年からの比較において最も高い水準となっている。この100グラム当たりの購入価格の上昇要因として，米国産牛肉の輸入禁止にともない牛肉輸入量が減少し[94]，米国産牛肉に代替する国産牛肉，輸入牛肉の市場価格が上昇した結果，100グラム当たりの価格が上昇したと考えられる。

減少傾向にある牛肉の購入量および購入金額に大きな影響を与えた要因としては，2001年に国内で発生したBSEによる需要の停滞があげられる。2001年における牛肉購入量は，2,340グラムであり，購入金額は6,029円であり，購入金額は1994年からの推移では最も低い水準である。さらに，2003

第3章　国産牛肉に対する消費者意識の変化と供給構造の現状

**表3-2：全国全世帯1人当たりの豚肉，鶏肉購入量および支出金額の推移**

| 年 | 豚肉 | | | | 鶏肉 | | | |
|---|---|---|---|---|---|---|---|---|
| | 購入量(g) | 指数 | 金額(円) | 指数 | 購入量(g) | 指数 | 金額(円) | 指数 |
| 1994 | 4,610 | 100 | 6,143 | 100 | 3,522 | 100 | 3,207 | 100 |
| 1995 | 4,705 | 102 | 6,266 | 102 | 3,591 | 102 | 3,257 | 102 |
| 1996 | 4,775 | 104 | 6,655 | 108 | 3,668 | 104 | 3,452 | 108 |
| 1997 | 4,721 | 102 | 6,862 | 112 | 3,581 | 102 | 3,457 | 108 |
| 1998 | 4,851 | 105 | 6,852 | 112 | 3,525 | 100 | 3,378 | 105 |
| 1999 | 4,918 | 107 | 6,737 | 110 | 3,543 | 101 | 3,327 | 104 |
| 2000 | 4,941 | 107 | 6,615 | 108 | 3,563 | 101 | 3,245 | 101 |
| 2001 | 5,180 | 112 | 7,061 | 115 | 3,672 | 104 | 3,450 | 108 |
| 2002 | 5,243 | 114 | 7,168 | 117 | 3,709 | 105 | 3,509 | 109 |
| 2003 | 5,222 | 113 | 6,982 | 114 | 3,517 | 100 | 3,229 | 101 |
| 2004 | 5,407 | 117 | 7,271 | 118 | 3,567 | 101 | 3,313 | 103 |

資料：表3-1に同じ。

年米国で発生したＢＳＥにより購入量は，2004年に2,253グラムと1994年以降最も低い水準となっている。この両国において発生したＢＳＥが，購入量および購入金額の大幅な減少に影響を与えていると考えられる。

　牛肉の購入量，支出金額は，1994年の水準と比較すると減少しているのであるが，表3-2に示されるように豚肉においては，1994年から2004年の推移で大幅な増加がみられる。鶏肉は，購入量，金額ともに若干の増加がみられるが，ほぼ横ばいに推移しているといえる。この豚肉の購入量，金額の増加は，2001年に国内で発生したＢＳＥが大きな要因であると考えられる。2001年の豚肉の購入量，金額は，1994年を100とする指数にして購入量で12，金額では15とともに大幅に増加している。さらに，2001年以降も増加を続けており，2004年には，購入量，金額ともに最も高い水準となっている。このことから，国内および米国におけるＢＳＥの発生を契機として，1994年から増加傾向にあった豚肉購入量，金額は，2001年以降に大幅に増加し，牛肉に代替する形で消費量を増加させたと考えることができる。

　次に，消費者の1週間の牛肉の購入状況から所得別の牛肉の購入量をみて

表3-3：1994年牛肉の1週間の購入数量
(単位：g)

| 年間収入 | 牛肉 |
|---|---|
| 調査全体 | 599.2 |
| 300万円未満 | 496.4 |
| 300〜499万円未満 | 524.8 |
| 500〜699万円未満 | 613.1 |
| 700〜999万円未満 | 639.3 |
| 1,000万円以上 | 638.2 |

注：1994年12月調査における調査世帯数は、1,984世帯である。
資料：(財)日本食肉消費総合センター、『季節別食肉消費動向調査報告――第32回消費者調査――』、1994年12月。

いく。表3-3、3-4をみると、300万円未満、1,000万円以上の世帯が1994年よりも増加がみられるが、それ以外の所得の世帯においては減少している。とくに、所得500〜699万円未満の世帯が1994年と比較すると84.1グラムと大幅に減少している。このことから、低所得者層および高所得者層の一部においては牛肉消費に若干の増加がみられるが、中産階級の世帯では牛肉消費は減少していることがわかる。

さらに、表3-4によって牛肉の1週間の購入数量をブランド和牛、その他の国産牛肉、輸入牛肉の品種別にみていくと、その他の国産牛肉、輸入牛肉は所得1,000万円以上の世帯が最も多く購入している。ブランド和牛肉については、所得300万円以下の世帯が505.8グラムと最も高い数値となっている[95]。しかしながら、全体的にみると、所得が上がるにしたがって牛肉購入量も増加する傾向にあることから、牛肉の購入数量は、所得に比例しているといえる[96]。

消費者が食肉を購入する際の選定基準としては、(財)日本食肉消費総合センターが実施したアンケートによる調査結果がある。(財)日本食肉消費総合センター、『季節別食肉消費動向調査報告――第52回消費者調査――』、2004年12月調査によると、「価格の安さ」が62.9％と最も高く、次に、「鮮度の良さ」49.1％、「品質の良さ」28.8％と続く。

消費者が低価格を志向することは、表3-5の1ヵ月間の輸入牛肉の購入状況の推移からもみることができる。1994年と比較して、2004年には輸入牛肉の購入世帯に増加がみられる。所得別にみると、所得の高い世帯では、購入率に若干の増加がみられるが、所得の低い世帯、とくに所得が300万円以下の世帯においては購入率が大幅に増加している。地域別にみると、東日本

第3章　国産牛肉に対する消費者意識の変化と供給構造の現状

表3-4：2004年牛肉の1週間の購入数量

(単位：g)

| | | 世帯数 | 牛肉計 | ブランド和牛肉 | その他の国産牛肉 | 輸入牛肉 |
|---|---|---|---|---|---|---|
| | 調査全体 | 2,000 | 546.8 | 427.5 | 479.0 | 482.6 |
| 所得 | 300万円未満 | 382 | 535.9 | 505.8 | 433.0 | 506.7 |
| | 300～499万円未満 | 590 | 488.1 | 361.6 | 427.2 | 456.4 |
| | 500～699万円未満 | 473 | 529.0 | 426.6 | 475.0 | 471.1 |
| | 700～999万円未満 | 371 | 588.8 | 411.9 | 523.3 | 483.4 |
| | 1,000万円以上 | 184 | 665.3 | 480.0 | 545.1 | 549.4 |

注：複数回答である。
資料：(財)日本食肉消費総合センター，『季節別食肉消費動向調査報告——第52回消費者調査——』，2004年12月。

表3-5：輸入牛肉の購入状況の推移(1ヶ月間)

(単位：%)

| | 年 | 1994 | | | 2004 | | |
|---|---|---|---|---|---|---|---|
| | | 世帯数 | 購入した | 購入しなかった | 世帯数 | 購入した | 購入しなかった |
| 所得 | 300万円未満 | 135 | 28.9 | 71.1 | 382 | 42.4 | 57.6 |
| | 300～499万円未満 | 372 | 34.9 | 65.1 | 590 | 44.6 | 55.4 |
| | 500～699万円未満 | 500 | 40.0 | 59.8 | 473 | 47.6 | 52.4 |
| | 700～999万円未満 | 538 | 45.2 | 54.6 | 371 | 50.4 | 49.6 |
| | 1,000万円以上 | 360 | 40.8 | 59.2 | 184 | 43.5 | 56.5 |
| 地域 | 東日本計 | 1300 | 40.9 | 59.0 | 1,000 | 42.7 | 57.3 |
| | 西日本計 | 684 | 37.7 | 62.0 | 1,000 | 49.0 | 51.0 |

資料：(財)日本食肉消費総合センター，『季節別食肉消費動向調査報告』，1994年12月，2004年12月調査をもとに作成。

における購入率の増加はわずかなものであるが，西日本においては，購入率が1994年の37.7％から2004年には49.0％と大幅に増加している。この輸入牛肉の購入率の増加は，牛肉消費量の増加，輸入牛肉の品質の向上や輸入自由化以降の小売店舗における販売促進の成果であると考えることもできる。しかし，輸入牛肉が一般的に国産牛肉と比較して安価であるということと，消費者が食肉購入の選定基準で価格の安さを最も重要としていることが購入率向上の大きな要因であると考えることができる。

消費者の牛肉の購入先については，表3-6に示されているようにスーパーでの購入率が最も高く，デパートが最も低くなっている。1994年と比較す

**表3-6**：牛肉の購入先別購入世帯率

(単位：%)

| 年 | 専門店 | スーパー | デパート | 生協 |
|---|---|---|---|---|
| 1994年 | 23.1 | 59.1 | 9.8 | 18.3 |
| 2004年 | 10.7 | 74.0 | 6.4 | 11.1 |

注：①購入世帯率は購入世帯数を分母にしている。
　　②1994年の世帯数は1,691世帯であり，2004年の世帯数は1,014世帯である。
資料：表3-5に同じ。

ると，消費者のスーパーでの購入率が24.9％と大幅に増加しているのであるが，他の業態においては，購入率の減少がみられている。とくに専門店の購入世帯率の減少が顕著であり，この期間に専門店で牛肉を購入していた消費者がスーパーへと購入先を変化させたことが指摘できる。

　消費者が他業態の食肉小売店からスーパーへと購入先を変化させたことについて，表3-7の「食肉小売店の選定理由」をみていく。専門店での購入理由としては，「好きな量が買える」が23.8％で最も多く，次いで「品質が良い」が17.7％，「品揃えが多い」が15.8％となっている。それに対し，スーパーでの購入理由については，「安い」が45.1％と多く，次に「近所にある」34.0％，「1カ所で買い物ができる」33.7％となっている。食肉小売店の選定理由として価格に関しての項目である「安い」がスーパーでは最も高くなっている。つまり，多くの消費者は，スーパーの食肉は低価格であると意識しているといえる。このことから，消費者は，食肉を購入する際の選定基準として，価格の安さを最も重視しており，消費者が食肉購入の際に食肉を販売する小売業態のなかでは最も低価格であると意識しているスーパーでの購入が増加し，他業態での食肉購入を減少させたことが，スーパーにおける購入率の大幅な増加の要因であると考えられる。

　しかしながら，牛肉を購入する際，低価格であることを重視する傾向にある消費者の意識を販売店側が十分に把握できていないことが，食肉販売店からみた消費者が自店を支持する理由（表3-8）を（財）日本食肉消費総合センター，『季節別食肉消費動向調査報告――食肉販売店調査――』，2004年10月調査からみることができる。専門店では，「好きな量が買える」，「品質が良い」がともに49.4％と同率で最も高い。スーパーでは，「近所にあるから」が35.4％で最も高く，次に「品質が良いから」が33.0％であり，「安い」が

第3章　国産牛肉に対する消費者意識の変化と供給構造の現状

表3-7：食肉小売店の選定理由

(単位：％)

|  | 専門店 | スーパー | 生協・農協 |
|---|---|---|---|
| 安いから | 5.6 | 45.1 | 6.4 |
| 品揃えが多いから | 15.8 | 22.2 | 4.9 |
| 好きな量が購入できるから | 23.8 | 4.8 | 0.9 |
| 商品が選びやすいから | 2.1 | 17.3 | 5.5 |
| 気がねなく買い物できるから | 0.6 | 16.4 | 5.8 |
| 安全性が高いから | 9.1 | 1.6 | 25.0 |
| サービスが良いから | 3.4 | 1.2 | 2.4 |
| 1ヵ所でいろいろな買い物ができるから | 0.6 | 33.7 | 5.3 |
| 近所にあるから | 2.7 | 34.0 | 5.0 |
| 品質が良いから | 17.7 | 2.8 | 12.8 |
| その他 | 1.3 | 1.0 | 2.0 |

注：複数回答である。
　　資料：表3-4に同じ。

表3-8：消費者から支持される理由

(単位：％)

|  | 専門店 | スーパー | 生協・農協 |
|---|---|---|---|
| 安いから | 16.0 | 29.1 | 9.2 |
| 品揃えが多いから | 9.6 | 25.7 | 6.2 |
| 好きな量が購入できるから | 49.4 | 7.3 | 4.6 |
| 商品が選びやすいから | 3.9 | 10.7 | 4.6 |
| 気がねなく買い物できるから | 16.6 | 14.6 | 18.5 |
| 安全性が高いから | 22.9 | 25.2 | 63.1 |
| サービスが良いから | 2.7 | 2.4 | 1.5 |
| 1ヵ所でいろいろな買い物ができるから | 1.5 | 7.8 | 6.2 |
| 近所にあるから | 16.6 | 35.4 | 30.8 |
| 品質が良いから | 49.4 | 33.0 | 49.2 |
| その他 | 3.0 | 0.5 | 0.0 |

注：複数回答である。
　　資料：『季節別食肉消費動向調査報告——食肉販売店調査——』，2004年10月調査。

29.1％の順となっている。

　これに対して，表3-7の消費者が食肉小売店を選定する理由と比較すると，専門店においては，「好きな量が買える」が23.8％，「品質が良い」が17.7％であり，消費者が自店を支持する理由と一致している。しかしながら，消費

43

表3-9：食肉購入時の肉質留意点

(単位：%)

| | 世帯数 | 霜降りの状態<br>(牛肉の場合) | 肉のしまり<br>(水っぽさ) | 肉の色と光沢 | 脂身の多少 | 肉汁の有無 | その他 |
|---|---|---|---|---|---|---|---|
| 調査全体 | 2,000 | 15.4 | 17.0 | 64.0 | 48.7 | 31.7 | 1.6 |
| 300万円未満 | 382 | 10.5 | 18.3 | 60.7 | 49.5 | 29.1 | 2.6 |
| 300～499万円未満 | 590 | 12.2 | 16.1 | 66.1 | 48.5 | 34.6 | 1 |
| 500～699万円未満 | 473 | 15.9 | 18.0 | 61.9 | 49.0 | 33.4 | 2.1 |
| 700～999万円未満 | 371 | 21.3 | 15.9 | 64.2 | 49.1 | 30.2 | 1.3 |
| 1,000万円以上 | 184 | 22.3 | 16.8 | 69.0 | 45.7 | 26.1 | 0.5 |
| 東日本計 | 1,000 | 13.1 | 18.9 | 61.6 | 50.3 | 34.1 | 1.6 |
| 西日本計 | 1,000 | 17.6 | 15.1 | 66.4 | 47.0 | 29.2 | 1.6 |

注：複数回答である。
資料：表3-4に同じ。

者がスーパーを支持する理由としては，「安い」が45.1％，次に「近所にある」34.0％，「1カ所で買い物ができる」33.7％がスーパーを支持する理由としており，スーパーが自店を支持する理由として上位にある「品質が良いから」は，2.8％と低い水準にある。このことから，流通経路上では消費者と最も近い位置にある小売店においても，消費者意識を十分に把握できておらず，購入する消費者の意識と販売を行う小売店が持つ意識には若干の相違があることがわかる。牛肉の需給構造に影響を与えると考えられる消費者意識および行動の変化をとらえ，小売店側のもつ意識の相違を解消すること，さらに，生産，卸を含めたすべての供給局面において消費者意識を把握することが必要であると考えられる。

　鮮度，品質について，表3-9の食肉購入時の肉質留意点をみてみると，全体的には，「肉の色と光沢」が最も高い水準であり，鮮度を重視する傾向にあるといえる。「霜降りの状態」については，所得の増加とともに重視する傾向がみられる。地域別にみると，西日本においては，東日本と比較して「霜降りの状態」，「肉の色と光沢」などを重視している。東日本では，「脂身の多少」，「肉汁の有無」，「肉のしまり」が西日本よりも高い水準となっている。

　牛肉の安全性，安心感については，消費者が食肉を購入する際の選定基

準のアンケート調査結果では,「価格の安さ」62.9％,「鮮度の良さ」49.1％,「品質の良さ」28.8％の次であり,安全性や安心感においては19.7％となっている。食肉購入の際の選定基準では安全性や安心感は,「価格の安さ」,「鮮度の良さ」,「品質の良さ」の三項目と比較すると決して高い水準にあるとはいえない。しかしながら,同調査の食肉情報の要望項目においては,消費者がもっとも知りたい情報は,「安全性について」(65.7％)であり,次に「健康とのかかわりについて」(12.9％)となっている[97]。また,産地についての情報を知りたいという要望は2.9％であり,高い水準ではないといえるが,国産食肉の産地銘柄表示に対する消費者の行動として,「気にして必ず見る」(44.1％),「時々見る」(45.1％)が非常に多く,国産食肉の産地や銘柄についての情報を重視していることがわかる[98]。

牛肉の購入量,金額は,1994年から減少を続けており,BSEの発生などを契機に豚肉にそのシェアを奪われるかたちで消費量は大きく減少したといえる。さらに消費者がもつ意識として,牛肉などの食肉を購入する際には,低価格であることを重視する傾向にあるといえる。また,低価格であることと同時に安全性に関する情報についても高い関心をもっており,購入の際の情報として,産地や銘柄を重視する傾向にあるということがわかる。

## 第3節　国産牛肉の需給構造の変化

### 1　国産牛肉の生産・流通における業種的な特徴

国産牛肉の生産,流通の過程を一つの産業ととらえた場合において,その業種的な特徴についてみていく。国産牛肉の生産,流通における特徴として,次の三つをあげることができる。(1) 生産期間が非常に長く,(2) 屠殺,解体の処理が必要不可欠であり,(3) 屠殺後,枝肉から精肉へと変化する際に流通内部において多くの加工が必要であることがあげられる。(1) は生産段階における特徴である。一般的に仔牛を肥育して出荷されるまでの期間,すなわち,出荷月齢にいたるまでの生産期間が20ヶ月以上と非常に長い期間が必要であるということがあげられる[99]。このことから,消費者の需要の急

図3-1：牛肉自給率の推移

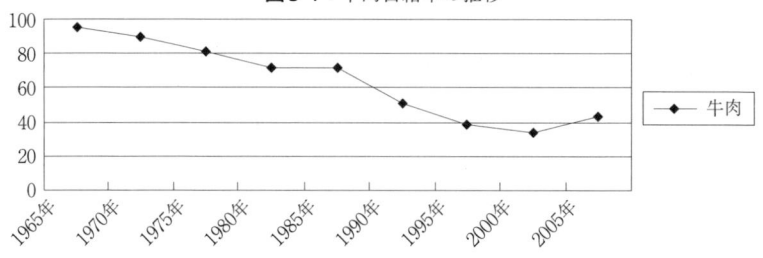

注：重量ベースの自給率は，各品目の国内生産量／各品目の国内消費仕向量×100により求められる。
また，国内消費仕向量は，国内生産量＋輸入量−在庫増加量（または，＋在庫減少量）により求められる。
資料：農林水産省総合食料局編，『食料需給表』，http://www.maff.go.jp/

激な変化に対し，飼養頭数を迅速に変化させ対応を行うことは困難であると考えられる。(2) は，生体から枝肉，精肉へと外形を変化させる加工段階の第一段階として必要不可欠であり，牛肉の生産，流通の中心的役割を果たしていることから重要な過程であるといえる。また，その際の屠殺場の役割は，品質，衛生管理の観点からも非常に重要であると考えられる。(3) は，流通段階における特徴である。卸売，小売段階の流通内部において，枝肉から部分肉，精肉へと加工されるのであるが，その処理には非常に多くの過程が必要であり，流通内部に多くの加工が含まれる[100]ことは牛肉の流通段階における特性といえる[101]。

## 2　牛肉自給率の推移

牛肉の需給構造の変化についてまず，図3-1の牛肉の自給率の推移をみると，1965年の牛肉自給率95から減少を続け，輸入自由化後の1995年の牛肉自給率は39であり，2000年には34と最も低い水準となっている。2005年には米国産牛肉の輸入禁止措置による輸入量の減少から自給率は43と1995年，2000年と比較すると高い水準となっているが，牛肉自給率は高い水準であるとはいえず，輸入に多くを依存しているということがわかる。

表3-10：肉用牛の飼養戸数・頭数の推移

(単位：戸, 頭)

| 年 | 飼養戸数 | 指数 | 飼養総頭数 | 指数 | 肉用種 飼養頭数 | 指数 | 乳用種 飼養頭数 | 指数 | 1戸当たり飼養頭数 |
|---|---|---|---|---|---|---|---|---|---|
| 1985 | 298,000 | 100 | 2,587,000 | 100 | 1,646,000 | 100 | 941,000 | 100 | 8.7 |
| 1986 | 287,100 | 96 | 2,639,000 | 102 | 1,662,000 | 101 | 977,200 | 104 | 9.2 |
| 1987 | 272,400 | 91 | 2,645,000 | 102 | 1,627,000 | 99 | 1,018,000 | 108 | 9.7 |
| 1988 | 260,100 | 87 | 2,650,000 | 102 | 1,615,000 | 98 | 1,036,000 | 110 | 10.2 |
| 1989 | 246,100 | 83 | 2,651,000 | 102 | 1,627,000 | 99 | 1,024,000 | 109 | 10.8 |
| 1990 | 232,200 | 78 | 2,702,000 | 104 | 1,664,000 | 101 | 1,038,000 | 110 | 11.6 |
| 1991 | 221,100 | 74 | 2,805,000 | 108 | 1,732,000 | 105 | 1,073,000 | 114 | 12.7 |
| 1992 | 210,100 | 71 | 2,898,000 | 112 | 1,815,000 | 110 | 1,083,000 | 115 | 13.8 |
| 1993 | 199,000 | 67 | 2,956,000 | 114 | 1,868,000 | 113 | 1,088,000 | 116 | 14.9 |
| 1994 | 184,400 | 62 | 2,971,000 | 115 | 1,879,000 | 114 | 1,093,000 | 116 | 16.1 |
| 1995 | 169,700 | 57 | 2,965,000 | 115 | 1,872,000 | 114 | 1,093,000 | 116 | 17.5 |
| 1996 | 154,900 | 52 | 2,901,000 | 112 | 1,824,000 | 111 | 1,077,000 | 114 | 18.7 |
| 1997 | 142,800 | 48 | 2,851,000 | 110 | 1,780,000 | 108 | 1,072,000 | 114 | 20.0 |
| 1998 | 133,400 | 45 | 2,848,000 | 110 | 1,740,000 | 106 | 1,108,000 | 118 | 21.3 |
| 1999 | 124,600 | 42 | 2,842,000 | 110 | 1,711,000 | 104 | 1,131,000 | 120 | 22.8 |
| 2000 | 116,500 | 39 | 2,823,000 | 109 | 1,700,000 | 103 | 1,124,000 | 119 | 24.2 |
| 2001 | 110,100 | 37 | 2,806,000 | 108 | 1,679,000 | 102 | 1,126,000 | 120 | 25.5 |
| 2002 | 104,200 | 35 | 2,838,000 | 110 | 1,711,000 | 104 | 1,127,000 | 120 | 27.2 |
| 2003 | 98,100 | 33 | 2,805,000 | 108 | 1,705,000 | 104 | 1,101,000 | 117 | 28.6 |
| 2004 | 93,900 | 32 | 2,788,000 | 108 | 1,709,000 | 104 | 1,079,000 | 115 | 29.7 |
| 2005 | 89,600 | 30 | 2,747,000 | 106 | 1,697,000 | 103 | 1,049,000 | 111 | 30.7 |

資料：農林水産省統計部編，『畜産統計』，農林統計協会，各年版をもとに筆者作成。

## 3 肉用牛の飼養戸数，頭数の推移

　以下では，国産牛肉の供給構造の推移をみていく。まず，生産段階における変化であるが，表3-10は，肉用牛の飼養戸数，頭数の変化を示したものである。飼養戸数は，1985年以降一貫して低下する傾向にある。1985年を100とする指数でみると，2005年には70減少し，30となっており，1985年から2005年までの期間に飼養戸数が大幅に減少したことがわかる。これに対して，飼養総頭数は1985年以降増加傾向にあり，1992年から1999年までの期間は10以上の増加がみられる。2000年以降においても1985年の飼養総頭数を上

回る水準で推移している。種別にみると，肉用種は1994年に飼養頭数が最も多くなっており，それ以降は，1994年の水準を下回るものの1985年よりも高い水準で推移している。乳用種においても1985年と2005年を比較すると，2005年では11の増加がみられている。しかしながら，最も飼養頭数の多かった1999年の水準よりも低くなっている。肉用種，乳用種ともに1985年よりも2005年時点の飼養頭数は多くなっているが，飼養頭数が最も多かった時点（肉用種1994年，乳用種1999年）以降においては，肉用種，乳用種ともにその水準には達しておらず，若干の増減を繰り返しながら推移している。このことから，飼養頭数は肉用種の1987年から1989年までの期間を除けば，1985年の水準よりも高くなっているが，飼養頭数が最も多かった時点（肉用種1994年以降，乳用種1999年）以降は，減少傾向で推移している。

　飼養頭数は，1985年の水準を上回っているが，飼養戸数においては大幅な減少がみられる。畜産農家1戸当たりの平均飼養頭数は，1985年には8.7頭であったものが2005年には30.7頭と約3.5倍となっており，この期間，生産段階において大規模化が進展したといえる[102]。

### 4　牛肉生産量，輸入量の推移

　表3-11は，牛肉の国内生産量，輸入量，国内消費仕向量の推移を示したものである。

　まず，国内生産量をみてみると，1989年を除いて1995年までは1985年と比較をしても同水準もしくは高い水準で推移しているが，1996年に減少へと転じ，1997年から2005年までの期間1985年の水準を下回っている。とくに2001年は，国内で発生したＢＳＥの影響を受けて1985年と比較して15％の大幅減少であった。

　国内生産量は，1996年以降減少傾向で推移しているが，米国でＢＳＥが発生した2003年と比較すると，2004年は若干の増加がみられる。国内生産量が2003年と比較して2004年に若干増加した要因としては主に二点あると思われる。第一に米国産牛肉の輸入禁止措置による輸入牛肉の供給量が減少したことである。第二に消費者の輸入牛肉の安全性に対する不安や不信が高

表3-11：牛肉の国内生産量，輸入量，国内消費仕向量の推移

| 年 | 国内生産量<br>(1,000トン) | 指数 | 輸入量<br>(1,000トン) | 指数 | 国内消費<br>仕向量<br>(1,000トン) | 指数 |
|---|---|---|---|---|---|---|
| 1985 | 556 | 100 | 225 | 100 | 774 | 100 |
| 1986 | 563 | 101 | 268 | 119 | 817 | 106 |
| 1987 | 568 | 102 | 319 | 142 | 893 | 115 |
| 1988 | 569 | 102 | 408 | 181 | 973 | 126 |
| 1989 | 539 | 97 | 520 | 231 | 996 | 129 |
| 1990 | 555 | 100 | 549 | 244 | 1,095 | 141 |
| 1991 | 581 | 104 | 467 | 208 | 1,127 | 146 |
| 1992 | 596 | 107 | 605 | 269 | 1,215 | 157 |
| 1993 | 595 | 107 | 810 | 360 | 1,354 | 175 |
| 1994 | 605 | 109 | 834 | 371 | 1,454 | 188 |
| 1995 | 590 | 106 | 941 | 418 | 1,526 | 197 |
| 1996 | 547 | 98 | 873 | 388 | 1,415 | 183 |
| 1997 | 529 | 95 | 941 | 418 | 1,472 | 190 |
| 1998 | 531 | 96 | 974 | 433 | 1,502 | 194 |
| 1999 | 545 | 98 | 975 | 433 | 1,507 | 195 |
| 2000 | 521 | 94 | 1,055 | 469 | 1,554 | 201 |
| 2001 | 470 | 85 | 868 | 386 | 1,304 | 168 |
| 2002 | 520 | 94 | 763 | 339 | 1,333 | 172 |
| 2003 | 505 | 91 | 743 | 330 | 1,291 | 167 |
| 2004 | 508 | 91 | 643 | 286 | 1,155 | 149 |
| 2005 | 497 | 89 | 654 | 291 | 1,151 | 149 |

注：①生産量，輸入量，国内消費仕向量ともに枝肉に換算した数値である。
②国内消費仕向量は，国内生産量＋輸入量－輸出量－在庫の増加量（または＋在庫の減少量）によって算出される。
資料：農林水産省，『食料需給表』，http://www.maff.go.jp/ をもとに筆者作成。

まり，輸入牛肉の需要は停滞し，その結果，卸売，小売などの流通段階では国産牛肉の販売を積極的に行い，消費段階においては輸入牛肉と比較して安全性の高いとされる国産牛肉を志向するようになったことの二点を推論することができる[103]。

国内生産量のみをみると，1991年の牛肉の輸入自由化の影響[104]はあまりみられないが，牛肉の在庫量は1989年および1990年に11万トン台へと急増し，牛肉輸入自由化の影響を受けているといえる。また，その在庫の9割近

表3-12：国別の牛肉輸入数量の推移

(単位：トン)

| 年 | アメリカ | オーストラリア | ニュージーランド |
|---|---|---|---|
| 1985 | 49,671 | 97,415 | 6,223 |
| 1986 | 62,799 | 113,271 | 7,082 |
| 1987 | 84,611 | 124,498 | 7,780 |
| 1988 | 118,688 | 148,347 | 11,310 |
| 1989 | 151,664 | 189,883 | 13,471 |
| 1990 | 164,423 | 198,456 | 13,291 |
| 1991 | 141,529 | 175,976 | 5,315 |
| 1992 | 182,873 | 227,598 | 8,903 |
| 1993 | 243,085 | 301,702 | 17,282 |
| 1994 | 248,367 | 306,879 | 22,176 |
| 1995 | 307,936 | 314,544 | 26,935 |
| 1996 | 296,149 | 277,400 | 27,428 |
| 1997 | 315,455 | 307,254 | 22,062 |
| 1998 | 327,849 | 319,029 | 18,486 |
| 1999 | 331,564 | 314,140 | 13,979 |
| 2000 | 358,566 | 338,046 | 14,364 |
| 2001 | 285,344 | 285,155 | 15,250 |
| 2002 | 240,144 | 262,486 | 11,239 |
| 2003 | 201,052 | 294,602 | 21,252 |
| 2004 | 0 | 410,219 | 34,819 |
| 2005 | 662 | 406,218 | 39,779 |

注：①牛肉輸入量は，冷凍肉，冷蔵肉に加え煮沸肉，ほほ肉，頭肉を含む。ただし，85年4月以前は煮沸肉を除く。
②重量は部分肉ベースでの数値である。
資料：農林水産省生産局畜産部食肉鶏卵課編,『食肉便覧』，中央畜産会, 2001, 2008年をもとに作成。ただし，原資料は財務省『日本貿易統計』である。

くが輸入品在庫であり，この期間の牛肉輸入量の増加が在庫量を急増させた要因であると考えられる[105]。牛肉在庫量は，1993年には，51,515トンにまで減少したが，それ以降は増加に転じ，2002年には132,045トンにまで増加している。2002年の在庫量の増加要因として，国内におけるBSEの発生による国産牛肉の需要の停滞，さらにはアメリカ，オーストラリアなどの主要輸出国における品質の改善や，外食産業を中心として輸入牛肉に対する需要が増加したことなどが考えられる[106]。牛肉在庫量は2003年には9万トン

台へと減少し，2004年以降は，米国で発生したＢＳＥによる輸入禁止措置の影響を受け，6万トン台で推移している。輸入品在庫においても5万トン台で推移しており，2002年の109,063トンと比較すると約半数にまで減少している[107]。

　国内消費仕向量においても，1985年以降一貫して増加を続けており，2000年には1985年と比較すると約2倍にまで大きく増加していた。しかし，2001年には2000年の1,554千トンから1,304千トンへと250千トン減少させており，2002年には2001年と比較すると若干の増加がみられるが，それ以降は減少傾向で推移している。この消費仕向量の減少要因として，国内および米国でのＢＳＥの発生，米国産牛肉の輸入禁止措置による輸入量の大幅な減少などが考えられる。

　次に牛肉の輸入量の推移についてみると，2000年までの期間においては前年対比では若干の減少がみられる年もあるが，大幅な減少もなく増加傾向で進展していた。しかし，2001年に国内でＢＳＥが発生し，2000年には1,055千トンあった輸入量が2001年には868千トンさらに2002年には，763千トンへと大きく減少させている。とくに2003年以降は，米国でのＢＳＥの発生により，需要の停滞，米国産牛肉の輸入禁止措置などを要因として，643千トンへと大幅に減少している。

　表3-12の国別の牛肉輸入量の推移をみてみると，1985年から1995年までオーストラリア産牛肉のほうが多く輸入されていたのであるが，1996年から2001年までの期間においては，米国産牛肉の輸入量が多くなっている。この米国産牛肉の輸入量が逆転した要因としては，第一に米国産牛肉は，穀物飼料で肥育された牛肉の輸入が中心であり，品質のばらつきが少ないこと，第二に，オーストラリア産牛肉はほぼ1頭分に相当するフルセットでの輸入が主流なのに対して，米国産牛肉は特定の使用頻度が高い部位のみを部分肉として輸入することが可能であったこと，第三に，米国産牛肉は脂肪の除去，部位の整形などが，オーストラリア産牛肉と比較して優れており，日本での加工や商品化が容易であり[108]，とくに外食産業での需要が高かったことが考えられる[109]。2002年以降は，オーストラリア産牛肉の輸入量が再び米国

産牛肉を上回り推移しており，米国産牛肉の輸入禁止以降はオーストラリア産牛肉の輸入量は大幅に増加している。さらに，2003年以降はニュージーランド産牛肉の輸入量も米国産牛肉に代替する輸入牛肉として大幅に増加している。

牛肉の輸入数量は国内および米国でのBSEの発生による輸入禁止措置を契機として大きく減少したが，牛肉以外の畜種では豚肉の輸入数量が，1985年から2005年まで前年対比では一時的な減少もみられるのであるが，大局的に見ると豚肉の輸入数量は増加傾向で推移している。とくに2001年に輸入量が1,034千トンへと大きく増加しており，さらに2004年には1,267千トンにまで増加がみられる[110]。このことから，2001年，2003年の国内および米国でのBSEの発生を契機とした牛肉需要の停滞，米国産牛肉の輸入禁止措置による輸入量の大幅な減少などによって，牛肉に代替する食肉として豚肉の輸入数量が急増したと考えることができる。

## 5　食肉卸売・小売業における推移

食肉卸売，小売業の推移について表3-13をみていく。まず，食肉卸売業についてみていく。事業所数，従業者数，年間販売額のすべての指標において1985年の水準を上回っていることがわかる。年間販売額を事業所数で除した1事業所あたりの年間販売額においては，1991年の937.9百万円が最も高くなっているが，1985年の765.5百万円との対比では，2007年には859.0百万円へと上昇している。また，年間販売額を従業者数で除した従業者1人あたりの年間販売額においても1985年の81.2百万円から2007年には85.8百万円へと上昇がみられる。1999年と比較すると2002年の数値は，三つの指標のすべてにおいて大きな減少がみられ，この期間のみをみると国内におけるBSE発生の影響を受けたのではないかと考えることもできる。しかし，1985年から2007年の期間を通してみると，三つの指標すべてにおいて1985年の水準を下回ることなく推移しており，これらの指標からは食肉卸売業は比較的堅調に推移しているということができる[111]。

次に，食肉小売業をみると，2007年には1985年を100とする指数では，事

第3章　国産牛肉に対する消費者意識の変化と供給構造の現状

表3-13：食肉卸売業，小売業の推移

(単位：店，人，百万円)

| 年 | 食肉卸売業 | | | | | | 食肉小売業 | | | | | |
|---|---|---|---|---|---|---|---|---|---|---|---|---|
| | 事業所数 | 指数 | 従業者数 | 指数 | 年間販売額 | 指数 | 事業所数 | 指数 | 従業者数 | 指数 | 年間販売額 | 指数 |
| 1985 | 7,182 | 100 | 67,671 | 100 | 5,497,724 | 100 | 36,171 | 100 | 112,353 | 100 | 1,353,704 | 100 |
| 1988 | 7,664 | 107 | 77,202 | 114 | 6,238,893 | 113 | 32,979 | 91 | 108,376 | 96 | 1,338,429 | 99 |
| 1991 | 8,005 | 111 | 72,702 | 107 | 7,507,876 | 137 | 28,808 | 80 | 95,387 | 85 | 1,361,189 | 101 |
| 1994 | 8,104 | 113 | 79,146 | 117 | 6,907,555 | 126 | 24,723 | 68 | 86,545 | 77 | 1,188,556 | 88 |
| 1997 | 7,921 | 110 | 74,988 | 111 | 7,369,246 | 134 | 21,046 | 58 | 72,560 | 65 | 974,803 | 72 |
| 1999 | 8,828 | 123 | 83,001 | 123 | 7,239,501 | 132 | 19,066 | 53 | 73,322 | 65 | 955,163 | 71 |
| 2002 | 7,447 | 104 | 73,238 | 108 | 5,713,005 | 104 | 14,524 | 40 | 58,871 | 52 | 713,736 | 53 |
| 2004 | 8,125 | 113 | 74,824 | 111 | 6,221,926 | 113 | 14,824 | 41 | 58,962 | 52 | 689,519 | 51 |
| 2007 | 7,438 | 104 | 74,478 | 110 | 6,389,088 | 116 | 13,682 | 38 | 56,055 | 50 | 655,683 | 48 |

注：食肉卸売業とは，主として食肉および肉製品を卸売する事業所をいう。食肉小売業とは，主として食肉および肉製品を小売する事業所をいう。（複数の経済活動を行っている事業所の場合は，過去一年間の収入額又は販売額の最も多い経済活動によって決定する。）
資料：経済産業省経済産業政策局調査統計部編，『商業統計』，独立行政法人国立印刷局，各年版をもとに筆者作成。

業所数38，従業者数50，年間販売額48となっており，すべての指標において大幅に減少している。とくに1999年から2002年の国内でBSEが発生した期間に大幅な減少がみられる。このことから，国内におけるBSEの発生は，食肉小売業の事業所数，従業者数，年間販売額の大幅な減少に影響を与えたと考えることができる。

また，事業所に対する販売額の比率である1事業所あたりの年間販売額については，1985年の37.4百万円から2007年には47.9百万円となっており，従業者数を事業所数で除した1事業所あたりの従業者数も1985年の3.1人から4.1人（2007年）へと増加しているが，従業者に対する年間販売額の比率である従業者1人あたりの年間販売額は1985年の12.0百万円から11.7百万円となり若干の減少がみられる。このことから，食肉小売業は，1事業所あたりの年間販売額，1事業所あたりの従業者数に増加がみられるが，他の指標は1985年と比較すると大幅な減少がみられるため，1985年から2007年までの期間において大きく衰退したと結論づけることができる[112]。また，この期間，1事業所あたりの年間販売額，1事業所あたりの従業者数に増加がみられる

ことから，相対的に年間販売額，従業者数が小規模な事業所が減少し，相対的に年間販売額，従業者数が大規模な事業所が存続または新規出店したと考えることができる。

　食肉小売業が衰退した主な要因として，第一に消費者の需要の変化の影響を受けやすく，第二に消費者や外食産業などの新規の取引相手を創出することが困難であったことが考えられる。前者は，食肉小売業は，取り扱い品目が主として食肉と肉製品のみであり，取引先は給食や外食産業などのように一度に大量消費を行う取引相手は少なく，そのほとんどが消費者である。そのため，消費者の需要の大きな変化，たとえばＢＳＥの発生や産地偽装など消費者の国産牛肉に対する不安や不信の高まりを原因とする需要の大幅な減退は食肉小売業に大きな影響を与えたと思われる。後者は，一般的に食肉小売業は，スーパーなどの大手量販店や食肉卸売業と比較して零細的であり，価格，品揃え，利便性などの面で大手量販店や食肉卸売業との競合に勝つことは困難であると思われる。そのため，消費者や外食産業などは取引相手として大手量販店や食肉卸売業を選択し，その結果，食肉小売業は新規の取引相手との取引を行うことが困難になったと考えられる。

## 6　牛肉消費の推移

　牛肉の消費量の推移について表3-14をみると，まず，消費量の総数においては，1993年の牛肉輸入自由化以後大幅に増加し，2000年には1985年の478千トンと比較して約2倍の959千トンにまで増加したのであるが，2001年には802千トンへと大きく減少し，2002年に若干の増加がみられるがそれ以降は減少傾向で推移している。2001年に国内でＢＳＥが発生しており，その影響を受け消費量が大幅に減少している。さらに2004年，2005年においては，2003年に米国で発生したＢＳＥの影響を受け，消費量は1991年の輸入自由化以前の数値とほぼ同じ水準まで減少がみられる。

　次に，国民1人1年当たりの消費量をみてみると，1985年には3.9キログラムであったが，1994年には1人1年当たりの消費量は7キログラムを超え，1996年を除いて2000年まで7キログラムを上回る水準で推移し，2000年に

第3章　国産牛肉に対する消費者意識の変化と供給構造の現状

表3-14：国民1人当たりの牛肉消費量の推移

| 年 | 純食料総数<br>（1000トン） | 指数 | 国民1人当たり供給純食料 | | | |
|---|---|---|---|---|---|---|
| | | | 1年当たり<br>数量（kg） | 指数 | 1日当たり<br>数量（g） | 指数 |
| 1985 | 478 | 100 | 3.9 | 100 | 10.8 | 100 |
| 1986 | 505 | 106 | 4.2 | 108 | 11.4 | 106 |
| 1987 | 551 | 115 | 4.5 | 115 | 12.3 | 114 |
| 1988 | 601 | 126 | 4.9 | 126 | 13.4 | 124 |
| 1989 | 615 | 129 | 5.0 | 128 | 13.7 | 127 |
| 1990 | 676 | 141 | 5.5 | 141 | 15.0 | 139 |
| 1991 | 696 | 146 | 5.6 | 144 | 15.3 | 142 |
| 1992 | 750 | 157 | 6.0 | 154 | 16.5 | 153 |
| 1993 | 836 | 175 | 6.7 | 172 | 18.3 | 169 |
| 1994 | 898 | 188 | 7.2 | 185 | 19.6 | 181 |
| 1995 | 942 | 197 | 7.5 | 192 | 20.5 | 190 |
| 1996 | 874 | 183 | 6.9 | 177 | 19.0 | 176 |
| 1997 | 909 | 190 | 7.2 | 185 | 19.7 | 182 |
| 1998 | 927 | 194 | 7.3 | 187 | 20.1 | 186 |
| 1999 | 931 | 195 | 7.3 | 187 | 20.1 | 186 |
| 2000 | 959 | 201 | 7.6 | 195 | 20.7 | 192 |
| 2001 | 802 | 168 | 6.3 | 162 | 17.3 | 160 |
| 2002 | 816 | 171 | 6.4 | 164 | 17.5 | 162 |
| 2003 | 795 | 166 | 6.2 | 159 | 17.0 | 157 |
| 2004 | 713 | 149 | 5.6 | 144 | 15.3 | 142 |
| 2005 | 711 | 149 | 5.6 | 144 | 15.2 | 141 |

注：①純食料は、粗食料[116]に歩留り[117]を乗じたものであり、人間の消費に直接利用可能な食料の形態の数量を表しており、牛肉の場合は精肉に換算している。
②1人当たり供給数量は、純食料をわが国の総人口で除して得た国民1人当たりの平均供給数量である。
資料：農林水産省、『食料需給表』、http://www.maff.go.jp/をもとに筆者作成。

は7.6キログラムと1985年から2005年までの期間中最も高い水準となっている。しかし、2001年の国内でのＢＳＥ発生時に1年当たりの消費量は6.3キログラムへと前年より大きな減少がみられる。さらに、2003年の米国でのＢＳＥ発生後の消費の減退や輸入禁止措置による輸入牛肉の減少などにより2000年には7.6キログラムと高い水準にあった消費量が2004年には5.6キログラムへと大幅に減少していることがわかる。また、1人1年当たりの牛肉消費量が7キログラムを上回っていた1994年から2000年までの期間中、

55

1996年のみ7キログラムを下回った要因としては，英国におけるＢＳＥ問題や病原性大腸菌Ｏ157の影響などが考えられる[113]。このことから，牛肉の消費量の減少要因としては，第一に牛肉を原因とした病原性大腸菌Ｏ157の発生による衛生面での問題が考えられる。第二に国内および米国でのＢＳＥの発生により，消費者が牛肉の安全性に対して不安や不信を抱いたことを推論することができる。

　また，国民1人1年，1日当たりの2005年の牛肉消費量は，1985年の水準を上回っているが，総務省統計局，『家計調査報告』の全国全世帯1人当たりの牛肉の購入量では，1985年の数値を下回っており，家庭内での牛肉消費は大きく減少しているといえる（1985年，2,660グラム，2005年，2,268グラム）。この家庭内での牛肉消費の減少は，消費者の惣菜などの調理済み食品に代表される中食[114]や外食利用の増加による消費者の食生活の変化が一つの要因ではないかと考えることができる。その理由として，第一に1985年から2005年の全国全世帯1人当たりの外食支出金額は，総務省統計局，『家計調査報告』によると1985年には39,508円であったが，1992年に外食支出金額は5万円を超え，それ以降は5万円を下回ることなく推移しており，2005年には，51,728円となっている。第二に財団法人外食産業総合調査研究センターの調査によると，食料消費支出に占める外食の割合として示される外食率は1985年に33.5であったものが2005年には34.8に上昇している。さらに，外食率に惣菜および調理食品の支出を加えた食の外部化率においては，1985年は35.4であったものが2005年においては42.7へと大幅な上昇がみられるからである[115]。

## 第4節　国産牛肉の需給構造の現状

　まず，国産牛肉の消費者意識について，1994年から2004年までの推移および比較分析を行ってきた。牛肉の需要構造に大きな影響を与える消費者意識の変化であるが，その特徴として，第一に，外食産業などの家計外消費が含まれない『家計調査報告』では，消費量，支出金額においては，1994年以

降減少傾向にあり，国内および米国でのＢＳＥを契機として大幅な減少がみられる。しかしながら，米国でのＢＳＥの発生による輸入禁止措置を要因とする輸入量の減少にともない市場価格が上昇した結果100グラム当たりの牛肉購入価格は，1994年からの推移では最も高い水準となっている。第二に，牛肉の購入先としてスーパーでの購入が大幅に増加したことがあげられる。第三に，牛肉購入の際は，価格の安さを最も重視する傾向にあるが，同様に安全性や産地，銘柄に対しても高い関心を持っていることがわかる。

次に，1985年から2005年までの国産牛肉の需給構造の推移についてみてきた。飼養頭数および食肉卸売業は，1985年の水準を維持し，比較的堅調に推移している。飼養頭数が枝肉生産量や牛肉輸入量，牛肉購入量などと比較して大きく変動していない要因としては，ＢＳＥ発生にともない生産者が出荷自粛を行い[118]，新たな牛の飼養を行わなかったことなども考えられるが，国産牛肉生産の業種的な特徴である生産期間の長さが大きな要因ではないかと考えられる。なぜならば，生産期間が長く，生産の速度が遅いということは流通，消費段階における需要の変化にすばやく対応することが困難となるからである。

『食料需給表』でみてみると，国内生産量は，1990年代においては，1990年代前半は1985年とほぼ同水準もしくはその水準を上回り推移していた。しかし，1996年以降は牛肉輸入量の急増の影響を受け，1985年の水準を下回って推移している。牛肉の輸入自由化による供給量の増加，一般的な国産牛肉よりも比較的安価な輸入牛肉の増加による小売段階での牛肉の低価格販売などを要因として，消費段階においても1990年代の牛肉の国内消費仕向量は1996年に一時的な減少がみられるものの増加傾向で推移を続けていた。

また，食肉小売業においては，1事業所あたりの規模は拡大しているが，事業所数は一貫して減少しており，この期間に相対的に小規模な事業所が淘汰されたと考えられる。

国内生産量，牛肉輸入量，消費段階における1人1年当たりの牛肉消費量などは，1990年代は増加または1985年の水準とほぼ同じ程度の水準で推移していた。しかしながら，牛肉の国内生産量，輸入量，消費量ともに2001

年に国内で発生したＢＳＥを契機にその数値を大きく減少させた。牛肉消費量の減少要因としては，前年との比較で1996年と2001年に消費量を大きく減少させている。これらは，国内で牛肉を原因とする病原性大腸菌O157による被害や国内で発生したＢＳＥなど牛肉の衛生面や安全性に対する不安や不信が高まったことによる影響が大きいのではないかと考えられる。さらに消費者は，米国でのＢＳＥの発生により，1人1年当たりの牛肉消費量を5.6キログラムにまで大きく減少させ，同時に牛肉の安全性に対する意識をさらに強めた[119]。このことから，生産，流通段階においては，産地，銘柄への対応と同時に，食中毒などの予防対策として衛生管理を確実に行い，ＢＳＥ牛肉の流通を未然に防止するなど高い安全性を確保し，消費者の意識に対応することが非常に重要であると考えられる。

## 第5節　まとめ

　1985年から2005年までの国内における牛肉の需給構造とともに，1994年から2004年までの消費者意識，行動の変化とその推移および比較分析を主とした分析を試みてきた。消費者行動および意識の特徴として，『家計調査報告』でみる消費量，支出金額においては，1994年以降減少傾向にあり，国内におけるＢＳＥを契機として2001年以降は大幅な減少がみられている。次に，牛肉購入の際の選定基準として消費者は価格の安さを最も重視しているのであるが，同時に安全性や産地，銘柄牛であるかどうかなどのブランドについても高い関心をもっていることがあげられる。

　しかしながら，供給局面においては，消費は停滞しているものの，米国産牛肉の輸入禁止措置等を要因とする供給量の減少により，市場価格は上昇傾向にあり，消費者が牛肉を購入する際に重視するとされる低価格であるということに十分に対応できていないといえる。

　消費者意識の変化に対応するために供給局面における問題点として，次の三点を指摘することができる。第一に低価格での販売という観点からまず，生産コストの削減があげられる。生産コストを削減することにより，国産牛

肉の低価格での販売が可能になり，価格の安さを重視する消費者の意識に対応することができるからである。そのためには，生産コストの削減とともに，米国産牛肉の輸入禁止措置などによる供給量の減少にともなう市場価格の上昇を回避するために，国内における自給率を向上させ，輸入に依存する体質を改善する必要があるといえる。第二に，消費者は，牛肉購入の際に，低価格であることと同様に安全性，産地銘柄に対しても高い関心を有していることから，供給局面における販売戦略の一つとして産地銘柄化，すなわちブランド化を行い，製品差別化を行うことが有効であると考えられる。第三に，小売店が持つ意識と，消費者意識の相違を解消し，生産，卸，小売などすべての供給局面において消費者意識を把握し，その消費ニーズに柔軟に対応することが重要であると考えられる。

# 第4章　愛知県における国産牛肉銘柄化に対する取り組み

## 第1節　本章の課題

　前章で分析したように，消費者が牛肉を購入する際の特徴として，価格の安さを最も重視するのであるが，同時に安全性や産地，銘柄牛であるかについても高い関心をもっていることが明らかにされた。このことから，消費者ニーズへの対応という観点から，生産，卸，小売の各段階における牛肉の産地銘柄化，すなわちブランド化を行い，牛肉の製品差別化を行うことは販売促進に有効であると考えられる。

　そこで本章では，愛知県を事例として，生産段階における国産牛肉の一つの販売戦略としての産地銘柄化についての考察を行う。次に，卸，小売などの流通面での銘柄牛の販売状況や販売活動をみていく。そのうえで，愛知県における国産銘柄牛肉の生産および流通の現状と問題点についてヒアリング調査も交えて考察を行い，生産，流通段階において消費者意識が反映されているかについて検討を行うことを課題とする。

　なお，本章で愛知県を対象とする理由としては，愛知県は，2006年の乳用種の飼養頭数が全国第四位と大規模な飼養地を形成していることがあげられる[120)][121)]。そのため，国産銘柄牛肉の生産，流通の現状および課題を検討するうえで愛知県は好個の対象であると考えられるからである。

## 第2節　国産牛肉の産地銘柄化の概念

　国産牛肉の産地銘柄化は，他の産地の牛肉に対して，肥育方法や販売条件など[122)]で差別化を行い，産地ブランドを形成することにより，輸入牛肉や他の産地との競合に優位性をもたせるというものである。

ブランドは,「もともと,「焼き印」という意味であり,牧場主が自分の所有する牛を他のものと識別するために用いたものである。わが国で使用される商標（トレードマーク）という言葉もこれと似た意味をもち,いずれも自分の商品の素材的差異を明示するためにつけられた記号」[123) 124)]である。記号（ブランド）の消費においては,商品識別機能のみでなく,その商品の品質を保証する機能ももつようになる[125)]。ブランドの品質保証機能は,商品価値を高め,消費者の商品に対する認知度や信頼性を向上させる役割をもつ。消費者の信頼性の高まりは,生産者にとっては,販売価格を上昇させることが可能となり収益性の向上に結びつく。消費者にとっては,ブランド商品に対するロイヤリティが高まり購買する際に商品を選択する時間が短縮され,ブランドの形成は,生産,消費の両局面において,メリットがあるといえる。

　国産牛肉における産地銘柄化は,牛肉の輸入自由化が決定した1980年代後半に急増した。その目的は,輸入牛肉との差別化を行うためのものであった[126)]。銘柄数においては,1980年までに設定されている銘柄牛の数は42銘柄であるのに対し,1994年には149銘柄[127)]と大きく増加し,さらに2005年には,229銘柄[128)]となっている。さらに,既存研究において銘柄牛の流通は大きく4つ「①出荷段階において,生産者団体が特定の基準に基づいて銘柄化し（産地銘柄牛）,そのまま名称が消費者まで変えないで小売店を通じて消費者にわたる型（貫通型）②産地銘柄牛が小売店の名前（ストアブランド）になる型（変身型,変名型）③産地銘柄牛肉であるが途中,銘柄が脱落する型（沈下型）④流通,小売段階で産地,品種によって一定の銘柄名を付与される型（浮上型)」[129)]に分類されるとしており,卸,小売段階を含めると,牛肉の銘柄数はさらに多くなるものと考えられる。

　牛肉の産地銘柄化の表示基準としては,（社）中央畜産会が1991年に発表した「食肉産地等表示基準」がある[130)]。この基準は生産の面では,「産地等表示食肉の生産・出荷等の適正化に関する指針」と,販売の面からは,「食肉販売店等における食肉の産地表示販売に関する指針」の二つの指針からなる。その内容は,生産面では,法人格の有無は問わないが,当該食肉に関する照会等に対応できる組織であることと,産地表示食肉の生産・出荷等

の実施(推進)主体(以下,推進主体)が,常設の連絡場所を有し,責任者が指名されていることと,さらに,(1)推進主体の名称,所在地,代表者,組織に関する規定,(2)産地表示食肉の名称,(3)産地表示食肉の種類,品種[131],生産地域の範囲,出荷月齢および体重の目安,飼料給与の指針,(4)肉畜の処理・解体,部分肉(正肉)加工の実施機関または場所,肉質の規格の範囲,(5)対象食肉の名称を付与する部位名,表示のマークと表示方法,表示のマークを付与する場所および実施者,(6)対象食肉の表示販売を継続的に行う食肉小売店等,または指定小売店の設置を行う,の6項目を明らかにすることが必要であるとしている。次に,販売面では,産地等を表示した食肉(以下,対象食肉)を販売する場合には,対象食肉と他の食肉が誤認されないように陳列区分を明らかにし,(1)対象食肉の生産・出荷の推進主体の名称,所在地,連絡先,(2)対象食肉の種類,品種,生産地域,特徴を表示する必要があるとしている[132]。

## 第3節　愛知県における国産銘柄牛の生産と流通

　愛知県における銘柄牛は現在,愛知県経済農業共同組合連合会(以下,愛知経済連)によって品種ごとに細分化され銘柄が付与されている。品種別に銘柄をみていくと,黒毛和種は「みかわ牛」,交雑種は「あいち牛」,乳用種は「ぴゅあ愛知」である。まず,黒毛和種「みかわ牛」の生産における特徴についてみていくと,生産環境の認定基準をクリアした,認定農家により肥育された和牛のなかで一定以上の品質(肉質等級3以上)にのみ銘柄が付与される。そのなかでもとくに優れた品質(肉質等級5,および4の一部)のものは「みかわ牛ゴールド」となる。生産段階において,基本的な飼料の統一や一定以上の品質であるという以外では特別な規約は設けていないということであるが,肥育する和牛の性別を雌に限定している生産者もある。生産者が雌牛のみを肥育する理由としては,一般的に雌牛は去勢牛と比較して長く肥育することができ,味がよいとされ,とくに和牛においては,卸売,小売段階において雌牛を好んで購入する傾向にあることがあげられる。

次に交雑種「あいち牛」であるが,「あいち牛」とは,愛知県産の交雑種の総称であり,各地域において「あいち知多牛」,「あつみ牛」,「田原牛」などの銘柄が付与されている。愛知県において交雑種の銘柄牛が多く存在する理由としては,乳用種の飼養頭数が全国的にみても非常に多く,乳用種の肥育を行なっていた生産者が交雑種の肥育をさかんに行なうようになったために交雑種の飼養頭数が非常に多くなったということがあげられる[133]。「あいち牛」の生産における特徴としては,指定農場で肥育された愛知県産交雑牛のうち品質基準が肉質等級3以上であることがあげられる。肉質等級3を下回る枝肉に関しては,銘柄が付与されず,愛知県産交雑牛として取り扱われる。飼料の統一においては「田原牛」は,飼料の統一がなされているが,他の銘柄牛に関しては,基本的な飼料[134]は決まっているのであるが,統一はされていない。

　乳用種「ぴゅあ愛知」においては,乳用種は個体差が非常に小さく,品質での差別化が難しいために,品質の安定性と安全性,愛知県産の牛肉であるということを訴求している。愛知県の銘柄牛についてみてきたのであるが,全品種において,生産環境の衛生面,黒毛和種,交雑種では品質基準(肉質等級3以上)のほかには特定の基準は設けられておらず,銘柄牛となるための基準が少ないと考えられる。しかしながら,銘柄牛の生産においては,厳しい基準を設けて,高品質の銘柄牛を生産することも重要なのであるが,同様に,銘柄牛としての量も必要となる。言い換えれば,銘柄牛においては,質も重要な要素なのであるが,同時に消費者に認知されるだけの安定した供給量も重要となり,ある程度の基準をクリアしていれば銘柄を付与されるということである。安定した供給量が重要であることから,愛知県においては,消費者に対して交雑種銘柄牛の認知度を高めたいとしている[135]。

　愛知経済連における小売店や消費者に対する銘柄牛の販売促進の取り組みとしては,銘柄牛のシールやポスターなどの販促資材や出荷証明,指定店証明など証明書の配布,農業祭での銘柄牛の試食,銘柄牛の生産者が小売店の店頭で銘柄牛の紹介を行ないながら試食販売を行なうというものである。そのなかでもとくに農業祭や小売店の店頭での試食は,重要であると考えられ

る。なぜならば，消費者への認知度を高めるとともに交雑種や黒毛和種の銘柄牛においては，若干ではあるが銘柄牛ごとに脂質の味に違いがあり，この味の違いを消費者に紹介することにより，他の牛肉よりも味が良いことを認知させることは，銘柄牛のブランド定着に役立つからである[136]。

　次に，卸，小売段階での銘柄牛の販売促進の取り組みについてみていく。卸，小売段階においては，自社で使用する銘柄牛の認知度を高めるために試食を行うなどといった特別な販売促進活動は行われておらず，小売業では交雑種の銘柄牛を購入する際は枝肉から選別しているほかに銘柄牛を取り扱う店舗において，店頭や商品に販促資材を使用して銘柄牛を紹介する程度であった[137]。

　卸や小売段階において，銘柄牛を販売する際に特別な販売促進活動を行わない理由としては，交雑種や黒毛和種などの銘柄牛を卸売業者が小売業者へ販売する際に特定の部位のみを販売するという対応が難しいということがあげられる。一般に牛が屠殺され，枝肉となり，銘柄が付与され銘柄牛として卸売市場で取引される際には同品質の枝肉と比較して枝肉卸売価格が若干上昇する傾向にある。卸売業者が銘柄牛を購入した場合，仕入原価は同品質の枝肉よりも高くなるため，小売業者への販売価格も必然的に同品質の牛肉よりも銘柄牛のほうが高くなる。卸売業者が小売業者に銘柄牛の特定の部位のみを販売すると，他の売れ残った部位は，同品質の牛肉の部位との価格競争により銘柄牛の仕入原価よりも安く販売しなければならないという可能性が考えられる。このことから，卸売業者が小売業者に銘柄牛を販売する場合の条件としては，基本的にはフルセットでの取引が主流となっている。しかし，小売業者の要望にこたえるために卸売業では，銘柄牛の特定の部位のみの販売にも対応している。通常，部分肉のみの販売に対応する銘柄牛は，フルセットで銘柄牛を販売する場合と比較して，銘柄牛の品質水準には達しているが（たとえば，みかわ牛，あいち牛では肉質等級3以上），販売価格が仕入原価を下回るというリスクを分散させるために自社である程度選別を行い，若干ではあるがフルセットで販売する場合よりも品質の劣る銘柄牛を販売している[138]。

小売段階においては，2003年に牛肉の固体識別情報の開示[139]が義務付けられて以降，生産者がみえ，生産履歴がはっきりとした安全性の高い牛肉を販売していることを消費者にアピールするために，販売戦略の一つとしてフルセットで銘柄牛を購入し，銘柄牛を自社の主力商品と位置づけている企業も存在する。

　しかしながら，銘柄牛流通の取引の基本的な条件がフルセットでの購入を行わなければならず，販売を考慮に入れていない部分肉もすべて購入する必要がある。さらに，銘柄が付与されると同品質の牛肉よりも枝肉卸売価格の上昇にともない仕入れ価格も上昇するために，同品質の牛肉を販売する際に他の競合店と比較して販売価格が高くなり，低価格で販売を行うことが困難であるという小売店にとっては不利な条件も存在する。このことから，一般的に小売店においては，黒毛和種や交雑種などの品種は指定するのであるが，産地や銘柄を限定せずに，品質の良い牛肉を購入し，低価格で販売を行う傾向にあるとしている[140]。

## 第4節　まとめ

　愛知県における国産銘柄牛肉の生産および流通についてヒアリング調査を交えてみてきたのであるが，生産段階においては，消費者に対して，銘柄牛の認知度を高め，信頼性を構築し，継続的な取引を行うために愛知経済連による販促資材の配布や農業祭での銘柄牛の試食などの販売促進活動が行われている。しかしながら，卸，小売段階では銘柄が付与されることにより枝肉価格が上昇することにより，販売価格も同品質の牛肉よりも高く設定しなければならないことや，基本的な条件がフルセットでの取引であり，小売店にとって銘柄牛の販売は，部分肉のみを販売する場合と比較して販売しにくいといえる。このことから，産地，銘柄を指定せずに品質の良い牛肉を低価格で販売しており，銘柄牛であってもその銘柄を取り除いて販売するという傾向にある。

　生産段階においては，銘柄を付与することにより枝肉価格が上昇し，それ

にともない小売価格も上昇がみられる。流通段階では，低価格販売を行うために品種指定はするのであるが，産地，銘柄については特別な指定は行われていない。このことは，低価格であることを重視するのであるが，同時に安全性や産地，銘柄牛であるかに高い関心を持つ消費者意識に十分に対応できているとはいえない。生産，流通段階において今後，消費者意識に十分に対応するためには次の二点をあげることができる。第一に，安定した供給を可能にするために生産量の拡大を図り，フルセットでの取引と同品質の部分肉取引を可能にする必要がある。第二に，生産，流通の各段階において消費者の認知度を高めるために，協力的な関係を構築し，小売段階における継続的な販売を通して，銘柄牛の販売促進活動を行うことが重要であると考えられる。

# 第5章　国産牛肉の安全性

### 第1節　本章の課題

　食料品は人が直接口にするため，とくに安全性が重視される。このことから，国産牛肉においても高い安全性を確保し，消費者の不安を払拭する対策を行うことは，生産，流通の各段階にとって非常に重要であるといえる。生産，流通段階で行われる安全性対策と同様に生産から消費までの各主体間による信頼関係の構築も必要である。なぜなら，各主体間における信頼関係の構築は継続的かつ円滑な取引活動を行うための重要な要素となると考えるからである。

　そこで本章では，第一に国産牛肉の安全性対策の現状についてみていく。第二に，安全性対策の現状を踏まえたうえで，安全性対策の問題点とともに生産から消費までの各主体間における信頼関係構築の必要性について考察を行う。

### 第2節　国産牛肉の安全性対策の現状

　2001年に国内で初めてＢＳＥの発生が確認され，牛肉の生産情報の提供を促進し，畜産および関連産業の発展，消費者利益の増進を図るという観点から牛の個体識別のための情報の管理及び伝達に関する特別措置法（以下，牛肉トレーサビリティ法）が2003年6月11日に公布された[141]。さらに，生産履歴に関する情報を正確に消費者に伝えていることを示す生産情報公開牛肉ＪＡＳ制度が2003年12月に施行された。

　牛肉トレーサビリティ法，生産情報公開牛肉ＪＡＳ制度などによる生産情報公開とともに牛肉の生産，流通の中心的役割を果たす屠殺段階においても，

BSE対策として21ヶ月齢以上のすべての牛に対して屠殺後にBSE検査が義務付けられている。さらに，屠殺を行う際に牛を動けなくするために行われていたピッシングもBSEへの対策としてすべての屠畜場で中止となり，屠殺段階のBSEに対する安全管理も行われている。

以下では，産地偽装やBSEを契機とした牛肉に対する消費者の不信や不安を解消することを目的として施行された牛肉トレーサビリティ法，生産情報公開牛肉JAS制度の概要および，屠殺段階で行われていたピッシングがすべての屠畜場で中止された経緯についてもみていく。

### 1 牛肉トレーサビリティ法の概要

牛肉トレーサビリティ法は，生産段階において独立行政法人家畜改良センター（以下，（独）家畜改良センター）によって牛個体識別台帳の作成が行われる。牛個体識別台帳は，牛ごとに①個体識別番号，②生年月日，③雌雄の別，④母牛の個体識別番号，⑤出生から屠畜までの間の飼養地および飼養者，⑥転出，転入月日，⑦屠畜年月日，⑧牛の種別，屠畜場の所在地などの個体識別情報を記録，管理したものである[142]。なお，個体識別情報については，（独）家畜改良センターのインターネット上で公表されている。

生産者は，牛の「管理者」として出生年月日，雌雄の別，母牛の個体識別番号等の届出，国から通知を受けた個体識別番号を表示した耳標の装着を行うことが義務付けられている。屠畜段階においては，屠畜および牛肉の引渡し年月日の届出，牛肉の引渡し先への個体識別番号の伝達，伝達情報の記録，管理を行う必要があるとされている。

次に，流通段階であるが，まず，消費者に対して個体識別番号の表示を行う対象となる牛肉は，牛個体識別台帳に記録されている牛に由来する「特定牛肉」であるとしている[143]。特定牛肉の販売を行う小売業者と特定料理業者[144]は，牛肉の容器，包装，送り状，または，小売等の店舗の見やすい場所に，個体識別番号を表示し，伝達情報の記録，管理が義務付けられている[145]。

### 2 生産情報公表牛肉JAS制度の概要

生産情報公開牛肉ＪＡＳ制度が制定された経緯としては，農林水産省によれば，「トレーサビリティシステムの導入など「食卓から農場まで」顔の見える仕組みの整備の一環として，食品の生産履歴に関する情報を，消費者に正確に伝えていることを第三者機関に認証してもらうＪＡＳ規格制度を導入することとし，食肉のうち国民の関心が特に高く牛の個体管理の体制が整備されている牛肉について」[146] 実施することとされ，時期的には，2003年の12月から施行されることとなった[147]。

　生産情報公開牛肉ＪＡＳ規格の仕組みとしては，農林水産大臣が登録した登録認定機関から認定を受けた認定生産工程管理者[148]，認定小分け業者が生産情報公表ＪＡＳマークを付して販売を行うことができる。また，国外においても国内と同様の要件を満たせば，登録外国認定機関として農林水産大臣の登録を受けて認定を行うことができる。

　認定生産工程管理者と認定小分け業者の役割についてであるが，まず，認定生産工程管理者は，出生した子牛が枝肉[149]となるまでの生産工程の管理と把握を行い，生産情報を正確に記録，保管し，公表する必要がある。この認定を受けた生産者などは，生産情報公表ＪＡＳマークと個体識別番号を生産した枝肉に付して販売，流通させることができる。次に，認定小分け業者であるが，流通段階において生産情報公表牛肉を購入し，部分肉，精肉へと分割や加工を行う際は，認定小分け業者として認定を受けた場合のみ分割，加工後の牛肉においても生産情報公表ＪＡＳマークを付して販売することが可能になる。さらに，牛肉の生産情報を一頭ごとまたは二十頭以内の荷口ごとに記録，保管し，公表することが義務付けられている[150]。

　消費者は，生産情報公表牛肉の生産情報を，個体識別番号または，荷口番号から店頭（容器，包装など）での表示やインターネット，ファックスなどを通じて入手することができる。消費者が入手できる情報は，牛肉トレーサビリティ法で公表される8項目に加え，牛の管理者の氏名または名称および住所，連絡先，管理の開始年月日，給餌した飼料の名称，使用した動物用医薬品の薬効別分類および名称などである[151]。

　牛肉トレーサビリティ法と生産情報公表牛肉ＪＡＳ制度の二つを比較して

みると，牛肉トレーサビリティ法において，対象となる牛肉は，生体での輸入を含む国内で飼養されるすべての牛である。生産履歴情報の公開を行う対象業種は，特定料理店も含まれており，情報の管理，公表は（独）家畜改良センターが行っている。次に，生産情報公表牛肉ＪＡＳ制度をみてみると，輸入牛も含めた国内で流通する牛肉が対象となるが，牛肉トレーサビリティ法のように義務付けられたものではなく任意の制度である。対象業種には，特定料理店は含まれておらず，情報の管理，公表は登録認定機関から認定を受けた認定生産工程管理者と認定小分け業者によって行われている[152]。

### 3　屠殺段階でのピッシング中止の経緯

屠殺段階では，21ヶ月歳以上の牛を屠殺する際に義務付けられているＢＳＥ検査と同様にＢＳＥに対する安全性をさらに高めるために，牛の屠殺方法の一つであるピッシングがすべての屠畜場で中止された。ピッシングとは，牛を屠殺する際に動けなくするための処置として，「ワイヤーによる脳および脊髄の破壊」[153]をする方法であり，日本の多くの屠畜場で実施されてきた。ピッシングは，厚生労働省が2001年に「ワイヤーの挿入により，脳，脊髄組織が漏出し，汚染が発生する懸念や使用する金属ワイヤーの1頭ごとの有効な消毒が困難であり，本処理は衛生上の観点から中止することが望ましい」[154]としており，「ピッシングが牛肉のＢＳＥプリオン汚染の一つの要因」[155]と考えられたからである。

厚生労働省は，2009年2月に「ピッシングに関する実態調査結果について」[156]各自治体を通じて2008年10月末の状況を調査した結果，2004年10月末では72％の施設がピッシングを中止していなかったのであるが，2008年10月末時点では，96％の施設がピッシングを中止している。また，同調査によると，2009年1月末においてピッシングが中止されていない施設は5自治体6施設[157]であるとしているが，2009年3月末までにはピッシング中止が完了する見込であるとしている。しかしながら，日本における屠畜場でのピッシング中止の対応は欧米に比較して遅れているといえる[158]。その要因として，①屠殺を行う従業者の安全確保，②屠殺スペースの狭さ，③内臓な

どの副産物の鮮度劣化を防ぐためなどが指摘されている[159]。

現在，牛肉トレーサビリティ法により，特定料理店も含めて生産情報の公表が行われている。それに加えて，任意ではあるが生産情報公表牛肉ＪＡＳ制度の施行により，輸入牛肉も含めた国内で流通する牛肉を対象として牛の管理者の氏名，住所，給餌された飼料，使用した動物用医薬品などの情報を第三者機関が認定し，その情報が公表されることになった。公表された情報の信頼性が向上するとともに，消費者はより安全性の高い牛肉を公表された多くの情報をもとに選択し，購入することが可能になったと考えられる。さらに，屠畜場でＢＳＥ検査，ピッシングの中止などにより屠殺段階でのＢＳＥへの安全性も確保されたと考えられる。

今後，国産牛肉の安全性をより高めるためには次の二点を指摘することができる。第一に生産，流通段階においては，高品質で安全な牛肉の販売とともに正確な情報の公表を通して消費者との信頼関係を構築し，継続的な取引を行う必要がある。第二に屠殺段階においては，ＢＳＥ検査，ピッシングの中止と同様に食中毒や異物混入を防止する観点から屠殺，解体を行う際の衛生管理を全国の屠畜場で同一化することが重要である[160]。

産地や畜種の偽装が行われずにピッシングの中止，情報公開制度などの安全対策が十分に機能すれば，輸入牛肉との競合では安全性の高さや鮮度の良さなどの面で対抗できると考えられる。しかし，同じ国産牛肉との競合では，安全性の高さや鮮度の良さなどはほぼ同じであると思われる。このことから，生産，流通段階においては同じ国産牛肉との競合も視野に入れ，価格や品質などとともに安全面での差別化戦略として，任意の制度である生産情報公表牛肉ＪＡＳ制度で認定された牛肉の販売を通して，より安全な牛肉を積極的に販売する必要があると考えられる[161]。

## 第3節　国産牛肉の安全性についての問題点

### 1　牛肉のリスク・コミュニケーション

　牛肉の安全性を確保するという視点から，牛肉トレーサビリティ法，生産情報公表牛肉ＪＡＳ制度などが施行され，消費者は，生産段階での詳細な情報を得られるようになった。この生産情報の公表により，消費者は，より安全な牛肉を公表された情報に基づいて購入することが可能となった。しかしながら，生産段階での生体牛への耳標の付け替え[162]，流通段階における産地，畜種，個体識別番号などの偽装は，牛肉の生産情報や安全性に対する消費者の信頼を失うこととなる。そのため，情報の公表にあたっては，生産，流通の各段階での正確な情報の管理，伝達が重要になる。生産情報の伝達において流通段階では，枝肉や部分肉のみをみて牛肉の品質や和牛と良質な乳用肥育牛や交雑牛などの判別を行うにあたっては専門的な知識が必要とされる。そのため，一般的に職人的な熟練労働者の少ない大手量販店やスーパーなどの小売業者においては，個体識別情報や牛の格付け等級に依拠しなければ枝肉や部分肉などの雌雄の別[163]や畜種の判別を行うことは非常に困難であるとされている[164]。

　1990年代の牛肉流通の問題点として，杉山道雄によって「乳用種と肉用種の区別も不明確で，良質乳用種肉も和牛肉として販売される」[165]ことが指摘されている。この畜種偽装の問題については，牛肉トレーサビリティ法の施行による個体識別情報の開示などにより，同法が施行される以前と比較すれば畜種の偽装は減少したものと推測できる。しかしながら，畜種や牛肉の品質の判別には，専門的知識が必要とされ，熟練労働者の少ない小売店などにおいては，牛肉トレーサビリティ法などに基づいた生産情報に依拠する傾向が強いと思われる。とくに量販店などでは同じ畜種であっても取り扱う数量が多く，同一部位，同一商品であっても個体識別番号が異なる場合があり，和牛，交雑牛，乳用牛と取り扱う畜種も多いことから個体識別番号の部位ごとの管理が非常に重要となる。さらに，特定牛肉の対象外とされている小間切などの商品を製造する際に表示と異なる畜種の牛肉が混入されていない

かなどの点にも注意し，消費者と生産，流通段階における信頼関係の構築を積極的に行う必要がある[166]。牛肉トレーサビリティ法，生産情報公表牛肉ＪＡＳ制度の生産情報の公表は，牛肉の安全性に対する消費者の不安や不信を解消するものであると考えられる。しかしながら，正確な生産履歴などの情報伝達が行われなければ生産情報公開制度の意義自体が失われることになる。そのため，生産，流通段階での情報の管理，伝達にはとくに注意を払う必要がある[167]。

現在，情報の管理および伝達を正確に行うために小売段階（チェーンスーパー）で行われている対応として，まず消費者への個体識別番号や和牛，交雑種，乳用種などの畜種の表示を行う情報の伝達方法については，精肉として商品化されたすべての国産牛肉に対して価格，重量などとともに産地名，畜種，個体識別番号が印字されて販売されている。精肉商品のすべてに産地名を記載する理由としては，競合他社では，乳用種の場合，国産牛肉と表示され価格，重量などとともに個体識別番号のみが印字されているだけである。そのため，すべての精肉商品の産地を表示し，消費者が産地や畜種の詳細な情報を知ることができ，自社の牛肉が安全で安心であると感じて購入できる商品を販売することにより，競合他社よりも優位性をもたせるために行われている。

情報の管理については，大手食肉加工メーカーや食肉卸売業者から納品された牛肉の価格や重量，個体識別番号などの伝達情報は牛肉が販売された後も厳重な管理が行われていた。さらに販売時における情報管理の方法としては，正確な管理を行い販売するために基本的に曜日によって販売する畜種を決定している。たとえば，週末や祝日などは和牛を中心として乳用種の販売を少なくするであるとか，平日には乳用種や輸入牛肉を中心に販売し，和牛の販売を控えるというものである。このことにより特定牛肉以外の商品である小間切などに異なった畜種の牛肉の混入防止に役立っているという。また，同一の畜種でも部位ごとに個体識別番号が異なる場合があるため，精肉への商品化を行う場合は，原料を残さずに一度に商品化を行ってしまうという対応がとられている。これらの対応により販売時における情報の管理は徹底し

表5-1：肉牛の屠畜料および屠畜，解体コストの推移

| 年 | 屠畜料（円） | 屠畜，解体コスト（円） |
| --- | --- | --- |
| 1994 | 5,807 | 8,670 |
| 1998 | 6,514 | 10,019 |
| 2005 | 7,378 | 12,362 |

注：屠畜料は，全国食肉センター協議会の72カ所の食肉処理施設の平均であり，屠畜，解体コストは，全国食肉センター協議会の72カ所の食肉処理施設の原価計算によるものである。
資料：(社) 日本食肉協議会・(社) 日本食肉加工協会監修，『2007食肉年鑑』，食肉通信社，2007年をもとに筆者作成。ただし，原資料は全国食肉センター協議会調べである。

て行われているが，原料を残さずに一度に商品化を行うために商品の製造が過剰になり，廃棄ロスが発生する可能性が高くなってしまうことや，曜日によって販売する畜種が基本的に決定されていることは，品揃え不足による販売の機会を失う可能性があるということが課題として残されている[168]。

次に，現在BSEに対する安全対策が行われている屠殺段階での経費についてみていく。表5-1は，肉牛の屠畜料と牛の屠畜，解体経費の推移を示したものである。第一に屠畜料の推移であるが，1994年に5,807円であったが，2005年には7,378円と1,571円上昇している。第二に屠畜，解体コストは，1994年の8,670円が1998年には1万円台に上昇し，2005年においては，12,362円と1994年と比較すると3,692円上昇しており，屠畜，解体にかかる経費が屠畜料を大きく上回っていることがわかる。この要因としては，一般的に「と畜料の設定額は，と畜・解体する経費を基準とすることとされているが，と畜料を上げれば家畜の集荷が困難になることや，公益的な配慮」[169]などがあることが指摘されている。また，屠畜，解体コストには，屠畜料のほかに①冷蔵保管料，②入出庫料，③内臓処理料，④SRM焼却料[170]が含まれており，SRM焼却などのBSE対策の費用が2005年にコストを上昇させた一つの要因であると考えられる[171]。

生産情報の公表および屠殺段階におけるBSE，食中毒などへの安全対策や衛生管理などは，牛肉の安全性の向上，消費者の牛肉に対する不安や不信の解消には大きく寄与する。これらは，消費者がもつ牛肉に対する安全性，信頼性の向上の観点からは，必要不可欠であり重要である。「食品中にハザード（危害要因）が存在する結果として生ずる健康への悪影響が起こる可能性とその程度」[172]が牛肉などすべての食料品に対するリスクであると定

義すれば，この牛肉や食料品に含まれているリスクを完全に排除し，高い安全性を確保することが消費者にとって最も望ましいことである。しかし，牛肉であれば生産段階から流通段階での加工を経て消費者が調理を行い，食するまでの間に起こる食品の品質劣化による腐敗や食中毒などのリスクを完全に排除することは困難であると考えられる[173]。さらに，屠畜，解体のコストにも示されるように，安全性の向上には経費の上昇をともない，結果的に消費者の購入価格を上昇させることになるだろう。

　牛肉や食料品に含まれるリスクの完全な排除が困難であることや安全性の向上には価格の上昇がともなうという現実を生産，流通，消費の各段階が理解する必要があると考えられる。そのため，生産，流通段階における衛生管理，生産情報の正確な公表とともに，行政が「リスク評価という科学的要因，費用対効果という経済的要因，そして国民感情という心理的要因」[174]の三つの要因を勘案し，「各種のガイドラインや規格基準を設定する，表示・届出・認可，トレースバック・監視・取り締まり・検査・調査などの方法」[175]でリスク管理を行い，食品に含まれるリスク，消費者のもつ不安などを最少にする必要がある。加工や製造の段階においては，HACCP（Hazard Analysis and Critical Control Point＝ハサップ，危害分析重要管理点方式）[176]による工程の管理を強化し，さらに，消費者，生産，流通業者，食品のリスク管理を行う行政なども含めて協議を行うリスク・コミュニケーション[177]が重要となる。リスク・コミュニケーションの形態としては，行政から消費者や生産，流通段階に決定事項を伝えるだけの「トップダウン方式」や生産や流通など同じ主体間で主張のみを行い，各主体間で議論を行わない「主張方式」，各主体間の関係者が合同で議論を行って受容できるリスクのレベルについて合意を得る「円卓方式」などがある。

　今後は，「円卓方式」のリスク・コミュニケーションによって各主体間が合同での議論を行い，相互間で合意形成をして消費者の牛肉に対する不安や不信を取り除くことが重要であると考えられる。各主体間で行われる「円卓方式」の議論では，消費者は食の安全に対して完全なリスクの排除を行ったうえでの絶対的な安全という厳しいリスクの管理を求めると考えられる。こ

のことは，購入した食品を食するという消費者の立場を考えれば当然のことであるといえる。しかし，食品中に含まれる食中毒などすべてのリスクの完全な排除を行うことを実現することは非常に困難であり，安全性を飛躍的に向上させるためには経費の大幅な上昇を伴うことになる。そのため，リスク管理を行う行政などの関係機関は，科学的な根拠に基づいて健康に影響が出ないことが明らかで問題のないリスクであれば，ある程度は受け入れるという実質的な安全をとらざるをえないという立場にある[178]。絶対的な安全と実質的な安全という異なる立場で議論を行うために各主体間で合意を形成することは容易ではないと考えられる。しかし，仮にお互いの合意が得られない場合においても，お互いの立場を理解することを最初の目標として，繰り返し議論を行い，最終的には合意の形成につなげることが必要である[179]。つまり，繰り返し行われる議論のなかで各段階において牛肉に含まれる危害要因についての理解を高め，各主体間が牛肉に対する知識を向上させることが各主体間の合意形成に非常に重要となってくるのである。生産，流通，消費の各主体が，リスク・コミュニケーションを通して牛肉への知識をより向上させることは，牛肉に含まれる食中毒やＢＳＥなどの危害を回避する上でも非常に重要になるといえる。言い換えれば，牛肉や商品に対する知識の向上は消費者にとっては消費する牛肉の安全性を高めるための一つの大きな武器になると考えられるからである。

リスク・コミュニケーションを行うことは生産，流通段階での情報の公開，屠殺段階での安全，衛生管理などとともに国産牛肉の安全水準を維持し，消費者がもつ牛肉への不安感や不信感を解消するためには必要不可欠である。しかしながら，生産，流通段階における産地や畜種の偽装，賞味期限の改ざんなどは消費者の不安や不信を高め，安全水準の維持は困難になる。そのため，各主体間における信頼関係の構築がとくに重要であり，この信頼関係の構築こそが市場での各主体間で行われる交換活動やリスク・コミュニケーションなどの基礎を成すものであると考える。

各主体間における信頼関係の構築が市場での交換活動やリスク・コミュニケーションの基となる理由は以下の通りである。一般的に生産，流通，消費

の各段階で行われる市場での交換活動が，仮に「贈与の行動の延長」[180]であると定義する。この「贈与の行動の延長」である交換活動は，牛肉を含む食料品などの日用品においては，労働力の再生産や生活の維持をするために各主体間で繰り返し行われる。さらに，この交換活動がコミュニケーションを行うための方法として用いられると贈与に対して反対贈与が発生する。この場合，贈与と反対贈与の応酬は，繰り返し行われる牛肉などの食料品の交換活動の内部においても日常的かつ連鎖的に行われていると考えられる。

　この贈与の行動は，正しい情報の伝達や商品知識の提供を行う正の贈与行動や産地，畜種などの偽装を行う負の贈与行動においても連鎖的に行われると考えられる[181]。さらに，「贈られた以上の反対贈与を実践することを競争的な贈与」[182]として行うことが「ポトラッチ」[183]であると定義しよう。その場合，正の贈与行動に基づいて，「ポトラッチ」が行われていれば，各主体間においては良好な関係を連鎖的に構築することが可能である。しかし，偽装行為などの負の贈与行動が交換活動の内部に含まれていると各主体の負の連鎖は拡大し，大きな被害を受けることになると考えられる。

## 第4節　市場における贈与と交換の関係

　市場で各主体間によって行われる交換活動を仮に「贈与の行動の延長」であると定義した。以下では，贈与と交換の関係についてみていくことにする。
　贈与について今村仁司は，「経済における贈与行為，ひいては贈与経済は原初的な負い目に基礎をおく。負い目があり対抗贈与があるからこそ，贈与を基軸とする社会と共同体が独自の類型として」[184]成立するとしている。今村仁司はここで「負い目」とは負債であると表現している。ここで表現されている負債の意味について，「けっして経済計算の対象になりえない。日常的職業生活で使用される負債は明晰に計算できる，返済の見込みも義務の不履行も法律的判断によって明確に決着をつけることができる」[185]ものではないとしている。つまり，計算することができない人間生活のなかに最初から存在する原初的なものであるとされている。また，その特色としては「義務

の感じを漠然と感じることである」[186]としている。

　贈与の行為は，一般的には他から利益や見返りといった返礼を求めることのない純粋な贈与であり，このことが利益を求める交換とは大きく異なる点であるということができる。しかし，贈与行為は，利益，見返りなどの返礼を求めることのない純粋な贈与のみが存在しているというわけではない。ここで贈与を分類してみると，(1) 見返りや返礼を求めない「純粋贈与行為」と，(2)「贈り物」として贈与を行うことによって，友好関係の構築や見返りや返礼を求めるという二つの類型に分けることができ[187]，返礼を求める贈与も存在するのである。今村仁司は，友好関係の構築や見返りや返礼を求める贈与の行為を「互酬性」であると述べている。さらに，贈与の行為は，「概念的な純粋性の側面と現実の人間関係との混合状態，それが現実の贈与体制であり，互酬性」[188]である。この「互酬体制では，人を動かす原理としての情念は道徳意識である。贈与行為は表向きでは「返礼なき贈与」の看板の下で動くが，実質的には交換的な意識になっている」[189]としている。つまり，「道徳的な贈与理念と利益要求的交換との二つの側面から構成」[190]されている互酬性によって，贈与と交換は結合し両立している。この互酬性のなかにこそ交換の起源が含まれており，その形成過程は，贈与体制のなかにかすかに出現していたとしている[191]。

　このように交換は，贈与体制のなかに萌芽をもち，その起源は互酬性のなかに含まれている。互酬性は道徳的意識と交換的意識の二つの側面の結合から成り立っているといえる。この二つの側面の結合で道徳的意識が大きく，交換的意識が小さい場合は贈与体制となり，逆に道徳的意識が小さく，交換的意識が大きい場合は交換体制となるのである[192]。社会類型として交換体制社会については，「まずは商品交換の社会（西欧中世都市のような）として登場し，しかるのちにそれを超え出る資本主義的社会（資本が支配する経済と資本的論理が隅々まで浸透する市民社会の両方を指す）が出現するにおよんで「純粋の」交換一元論的社会類型が確立する。かつての諸社会のように，贈与体制の基本構成要素（共同所有と個人所有および両者の結合様式）はすべて消滅して」[193]しまったとされている。

しかし，交換の出現によって贈与が完全に消滅してしまったのかというとそうではない。儀式的ではあるが，友人や家族間での事物の移動やプレゼント交換などの贈与行為は，現在においても行われている。友人や家族の間で行われる贈与行為は，第三者からすれば一方から他方へ贈与物が移動しあっているだけで交換を行っているようにみえる。しかし，この行為が交換しているようにみえるのは「近代人の市場交換心性」[194]によるものであると考えられる。友人や家族間で行われる事物の移動やプレゼント交換において，受け取る側は受け取ったという「負い目」の感情を負うことになる。一方からの贈与に対して他方のなかに「負い目」をもつことにより，他方から一方へ反対贈与が行われる。反対贈与により一方が他方へ「負い目」を負うと，さらに一方から他方へ贈与が行われ贈与と反対贈与の応酬がはじまることになる。一方と他方の相互行為に「負い目」の感情があり，贈与と反対贈与が行われるのであれば，第三者からみれば交換を行っているようにみえても当事者間では互いに贈与を行っているのである。このことから，第三者からみれば交換を行っているようにしかみえない市場での交換活動においても，贈与と反対贈与が行われている，と解釈してもよいと思われる。つまり，市場で売り手と買い手が交換を通して，互いに信頼関係に基づいた身内のような関係を作り出すことができるのであれば，市場での交換行為もその内部に贈与行為が含まれているのではないかと考えられるのである。この場合，売り手と買い手が身内的な関係を作ることが非常に重要となる。身内的関係であれば，お互いが「負い目」の感情をもっているので必然的に反対贈与が期待される。しかし，他人の場合は，「反対贈与条件をすぐに履行してもらわなければ，永久に反対贈与の実行はないという危険性がはらまれる」[195]からである。売り手と買い手は最初から身内的関係にあるのではなく，他人として取引が開始される。そのなかで「あなたと今後も取引を継続したい，つまり，永く付き合いたい，次回も購入するから，今回は，安くしておいてくれ，とりあえずは負けてくれ，と懇願するのである。客がまた来るかどうかは，未来の不確定性に属する事柄である。しかし，その言葉を信じるのである。じゃ，安くしとこうか。有り難い，ほんとに有り難い，恩に着るよ。こ

のように，負けてもらって付き合いを継続する交換相手」[196]になり，この取引を長期的に継続させることが，売り手と買い手の身内的関係を形成する一つの契機となるのである。つまり，売り手と買い手の身内的関係は，長期的に継続して取引を行うことによって信頼関係を構築することにより作り出されるといえる。売り手と買い手がお互いに「義を感じる，義理がある，借りがある，助けてもらった，次は自分の番だ，という負い目のコミュニケーション」[197]が身内的関係をもつ売り手と買い手の付き合いの基本となる。このような関係になれば，売り手と買い手は，贈与と反対贈与の応酬を繰り返し，さらには「ポトラッチ的行動様式」[198]へと発展することになるであろう。

　一般的に商人は，安く買って高く売るという利潤を求めていることは周知の事実である。この交換活動において商人が贈与や「ポトラッチ」を行うことは，利潤の追求を主として行う商人活動とは矛盾しているかもしれない。しかし，商人活動も含めた人間の行動というものは，「驚くほど「混合的」な動機にもとづいて行動しており，自分や他人への義務を果たすという動機」[199]も行動の決定要因のなかに含まれているのである。このことから，自分や他人に義務を果たし，自分の地位や名誉を誇示するためには，商人が市場で自己の利益の最大化を目的とした交換活動を行う際においても「ポトラッチ」をするということは十分に考えられるのである。言い換えれば，商人は，その活動のなかに利潤のみを求めているという単純な動機のみで行動するのではなく，売り手と買い手との関係性に基づいて利潤以外の様々な動機で行動が決定されていることがいえるのである[200]。

　商人が利潤のみを求めて産地や畜種などの偽装を行い，負の贈与活動を連鎖させることは，一時的には大きな利潤を得ることも可能である。しかし，負の贈与活動は，各主体間の信用を著しく低下させ，継続的な取引活動も困難にさせる。このような負の贈与行動を連鎖させている場合においては，リスク・コミュニケーションを行ったとしても国産牛肉への理解や不安や不信を解消することはきわめて困難である。このことから，正の贈与行動や献身的な「ポトラッチ」を通じて，生産から消費までの各主体が身内的関係を作り出し，信頼関係に基づいた一つの共同体[201]を形成することが必要である

と考えられる。この信頼関係を基礎とした共同体の形成が，各主体における継続的な取引に重要な役割を果たし，生産，流通段階においては永続的な経営，さらには利潤の維持につながるといえよう。

### 第5節　まとめ

　消費者の牛肉に対する不安や不信を解消するために，牛肉トレーサビリティ法，生産情報公表牛肉ＪＡＳ制度の施行に代表される生産履歴情報の消費者への公表や，ＢＳＥ対策の一環として屠畜場の衛生管理が行政により行われている。しかし，生産，流通段階において産地や畜種などの偽装が行われると生産情報公表の意味自体が失われ，牛肉に対する不信や不安は高まる。安全性の対策としては，牛肉に対するリスクを完全に排除することが理想であり，その水準まで限りなく近づけることが望ましいといえる。しかし，リスクの完全な排除を行うために生産，流通段階において安全性の向上にかかるコストが大幅に上昇し，その結果，消費者の購入価格が著しく上昇した場合，牛肉の消費が停滞することも考えられる。

　今後，牛肉の安全性を確保し，需要の拡大を図るためには，情報の共有化，消費者が情報を所有することによって牛肉に対する知識や理解を深めるという観点からも，消費者，生産者，流通業者，行政などすべての関係者を含めたリスク・コミュニケーションが重要となる。各主体間による信頼関係を基にしたリスク・コミュニケーションを行うことは，牛肉に対する不安の解消や信頼の回復および牛肉需要の拡大に大きな役割を果たすと考えられる。なぜならば，生産，流通，消費の各主体間における相互の信頼関係がなく，不安や不信感を抱いていれば必然的に購買意欲を失い，需要の大幅な減少につながるという結果になるからである。そのため，今後，生産，流通段階においては，情報の共有や継続的な取引などを通した消費者との信頼関係の構築が求められる。

おわりに

　本研究は，国産牛肉を対象として，需給構造，市場行動に大きな影響を与えると考えられる消費者意識および行動の変化が供給局面において反映されているか，あるいは反映されていない問題点は何かを生産，流通の局面からの検討を行うことを課題とした。課題への接近法としてまず，生産から消費までの牛肉の価格形成システムのプロセスとそれに付随する流通経路の考察を同時に行い，流通構造上の問題点について検討を行った。流通構造上の課題としては，第一に，生産費の削減を行いつつ，高品質な牛肉の生産方法を確立させることが必要である。第二に，枝肉以降の「流通加工」の効率化を行い，流通費用の削減を図り，輸入牛肉との競合に優位性を持たせることが重要である。第三に，生産から消費までの各段階において参考価格となる基準価格を作成し，その参考価格をもとに生産から消費までの価格における情報の非対称性を解消することが必要であると考えられる。

　次に，フードシステム学的な視点を踏襲しつつ，牛肉の需給構造に大きな影響を与えると考えられる消費者意識および行動の変化について考察し，さらに，牛肉の供給構造の変化を国内，米国におけるBSE発生以前と比較したうえで，牛肉の需給構造の現状について検討を行った。消費者意識の特徴として，価格の安さを最も重視しているのであるが，同時に安全性や産地，銘柄牛であるかどうかなどのブランドについても高い関心をもっていることが理解できた。消費者意識の変化に対応するための問題点として，供給局面において消費者意識を把握することが重要である。さらに，生産コストの削減を行い，同時に米国産牛肉の輸入禁止措置などによる供給量の減少にともなう市場価格の上昇を回避するために，国内における自給率を向上させ，輸入に依存する体質の改善も必要である。

　さらに，愛知県を事例として，生産段階における国産牛肉の一つの販売戦略としての産地銘柄化についての考察を行い，生産段階において消費者意識

が反映されているかについてヒアリング調査を交えて検討し，愛知県における国産銘柄牛肉の生産および流通の現状と問題点について考察を行った。その問題点として，生産段階においては，銘柄を付与することにより枝肉価格が上昇し，それにともない小売価格も上昇がみられる。流通段階では，低価格販売を行うために品種指定はするのであるが，産地，銘柄については特別な指定は行われておらず，生産，流通段階において消費者意識の反映が十分に行われていないといえる。そのため，生産，流通段階においては，安定した供給を可能にするための生産量の拡大と継続的な販売を通した販売促進活動が求められる。

　消費者行動の変化が従来の国産牛肉流通に与えた大きな変化としては，枝肉流通主体であったものから部分肉流通主体へと変化したことであるといえる。その要因として，牛肉消費量の増加とともに日本における食料品の購買行動の特徴である少量多頻度買いなどをあげることができる。このように供給局面においては，消費者の購買行動が少量多頻度買いであることや消費量の変化については対応しているのであるが，価格を重視することや産地，銘柄に高い関心をもつという消費者意識には十分に対応できていないといえる。

　今後，生産面においては，生産費の削減とともに高品質な牛肉の安定した供給を行うことができる生産システムを構築する必要がある。流通面では，枝肉以降の精肉へと変化するまでの加工過程の効率化とともに，生産者との連携を強化し産地銘柄牛の継続的な販売および販売促進活動を行い，産地銘柄牛のブランド価値を高める必要がある。さらに，供給局面においては，消費者意識の把握，意識の変化に対する柔軟な対応が求められており，生産から消費までの各段階において情報の共有化を行うとともに信頼関係を構築する必要があると考えられる。

注

**第1章**

1）時子山ひろみ，荏開津典生，『フードシステムの経済学』，医歯薬出版，1998年，4ページ。
2）わが国におけるＢＳＥの発生は，2001年8月6日，千葉県白井市の牛が，自力での歩行が困難となり，検査した結果ＢＳＥに感染しているということが判明したことから始まる。詳しい経緯については，中村靖彦，『牛肉と政治不安の構図』，文春新書，2005年，第1章を参照されたい。
3）不安や不信が高まる要因として，食料品においては，商品特性のなかで，安全性がとくに重要視されるからである。また，食料品における安全性以外の商品特性として，時子山ひろみ，荏開津典生，前掲書，15～19ページによると，必需性，飽和性，生鮮性，習慣性が指摘されている。
4）新山陽子，『牛肉のフードシステム』，2001年，日本経済評論社，2ページ。
5）本研究におけるフードシステムの定義については，時子山ひろみ，荏開津典生，新山陽子の先行研究に多くを負っている。
6）この定義は，高橋正郎編著，『わが国のフードシステムと農業』，農林統計協会，1994年，10～11ページにおける「フードチェーン」と同義であるとしている。
7）新山陽子，前掲書，2ページ。
8）新山陽子，前掲書，3ページによると，フードシステムは，「食料品の生産・供給，消費の流れにそった，それらをめぐる諸要素と諸産業の相互依存的な関係の連鎖としてとらえることが適当である」としており，この関係の連鎖は，「情報の流れやリサイクル」を考慮すると，生産から消費への「一方向的なものではなく，循環的」であるとしている。
9）新山陽子，前掲書，4ページによると，情報や容器および包装資材等のリサイクルなども考慮に加えると，フードシステムに関係する構成主体はさらに拡大するとしている。
10）新山陽子，前掲書，15～16ページ。
11）新山陽子，前掲書，19ページ。
12）新山陽子，前掲書，19ページ。
13）新山陽子，前掲書，19～20ページ。
14）新山陽子，前掲書，19ページ。
15）新山陽子，前掲書，19ページ。
16）時子山ひろみ，荏開津典生，前掲書，11ページ。
17）時子山ひろみ，荏開津典生，前掲書，11ページ。
18）甲斐諭，『食農資源の経済分析』，農林統計協会，2008年，1～16ページにおいて，「食の外部化」，「台所のアウトソーシング」を要因として「食と農の乖離」，「食のブラックボックス化」を促進させるとしており，日本のフードシステムは，「情報の非対称性」が発生しやすい構造であると指摘している。食の安全性の観点から，「フードシステム

情報の非対称性」の解消,「食農情報の共有化」が重要であるとしており,生産者,消費者における双方向的な情報の共有が必要であるとしている。

## 第2章

19) 加茂儀一,『日本畜産史食肉・乳酪篇』,法政大学出版局,1976年,128〜136ページ。
20) 宮崎昭,『食卓を変えた肉食』,日本経済評論社,1987年,17ページ。
21) 加茂儀一,前掲書,142ページ。
22) 加茂儀一,前掲書,188〜199ページ。
23) 宮崎昭,前掲書,20ページ。
24) 加茂儀一,前掲書,201ページ。
25) 宮崎昭,前掲書,17〜22ページ。
26) 加茂儀一,前掲書,218〜220ページ。
27) 加茂儀一,前掲書223ページによると,肉食は公然に行われるようになったが,「日本人全体の生活感情のなかで通常化し,一般に肉食の風習に奇異を感じなくなるには,明治時代の中ごろにいたるまでの年月を必要とした。」としており,旧来の肉食忌避の習慣が明治初期では根強いものであったとしている。
28) 戦時中の牛肉の流通について,宮崎昭,前掲書,103〜122ページによると,1941年から1945年の間に食肉配給統制が行われていたとしており,「その結果,食肉に関する個人営業は完全に消滅した」としている。
29) 宮崎宏,『日本型畜産の新方向』,家の光協会,1984年,79〜80ページ。
30) 食肉における中央卸売市場の歴史は,青果や鮮魚に比べ遅く,1958年に大阪で食肉中央卸売市場が開設されたことにより始まる。取引における原則として(1)委託販売,(2)取引はセリのみに限定,(3)即日上場,全量販売,(4)委託販売拒否の禁止,(5)売買参加拒否の禁止,(6)売買代金の即日現金決済,などがあげられる。
31) 生体流通とは,牛が生きているままの状態での流通形態であり,枝肉流通とは,屠殺後,内臓,頭部,四肢および尾などを除いた状態での流通形態である。
32) 吉田忠,『食肉インテグレーション』,農政調査委員会,1975年,13〜19ページ。
33) 吉田忠,前掲書,13ページ。
34) たとえば,指定産地の複数の指定生産者が肥育方法,肥育日数等を指定された牛を市場外流通により食肉加工資本1社のみに販売し,その牛肉を特定の小売業者のみに販売し,小売業者はその牛肉を自社のプライベートブランドすなわち銘柄牛として販売するというものである。
35) 新山陽子,『畜産の企業形態と経営管理』,日本経済評論社,1997年,127〜145ページにおいても食肉インテグレーションについて事例調査,アンケート調査を行い類型的に整理している。また,畜産インテグレーションのタイプとして,既存の「委託生産,契約生産という形をとった農外資本・農業関連資本による畜産の直営生産への進出」という「中央型インテグレーション」に加え,新たに「農業内部の企業展開の動きの一貫としての農業生産者側からのインテグレーション」のふたつのタイプが存在すると整理している。
36) 長澤真史,『輸入自由化と食肉市場再編』,筑波書房,2002年,10ページ。

37) 吉田忠,『農産物の流通』, 家の光協会, 1978年, 53ページ。
38) 吉田忠, 前掲書, 79ページ。さらに, 吉田忠は, このような「固定的閉鎖的関係は, 実は小売商と消費者の間においても, 小売商までの段階ほど強固ではないが, 小売商の地域的独占とそれに基づく固定的な顧客関係という形で存在していた」とし, 生産段階から消費段階まで系列化がなされていたと指摘している。
39) 吉田忠, 前掲書, 68ページ。
40) 吉田忠, 前掲書, 66ページによると, 明治中, 末期の牛の屠畜頭数は, 15万～20万頭, 豚は, 10万頭前後であったものが, 大正末から昭和初期には, 牛は30万頭台に豚は50万～60万頭に増加したとしており, この増加が食肉流通における問屋制市場構造形成の契機になったのではないかと考えられる。
41) 宮崎昭『食卓を変えた肉食』, 日本経済評論社, 1987年, 169ページ。
42) 吉田忠, 前掲書, 68～69ページ。また, この時期の生産者と零細家畜商の関係については, 宮崎昭, 前掲書, 69～80ページが詳しい。
43) 吉田忠, 前掲書, 75～77ページ。
44) 吉田忠, 前掲書, 82ページ。また, 吉田忠は「問屋制市場構造」には自由な商業的農業との間と大量化する都市の農産物消費の間において矛盾が生じると指摘している。
45) 吉田忠, 前掲書, 75ページ。
46) 現在,「卸売市場法」の規定により開設されている食肉中央卸売市場は仙台, さいたま, 東京, 横浜, 名古屋, 京都, 大阪, 神戸, 広島, 福岡の10市場であり, 地方食肉卸売市場は, 30市場(2007年度当初)である。また, 現在「畜産物の価格安定等に関する法律」に基づき指定されている卸売市場は, 茨城, 宇都宮, 群馬, 川口, 山梨, 浜松, 岐阜, 東三河, 四日市, 南大阪, 姫路, 加古川, 西宮, 岡山, 坂出, 愛媛, 佐世保, 熊本の18市場である。
47) 農林水産省,「卸売市場制度の概要」, http://www.maff.go.jp/ を参照。
48) 吉田忠, 前掲書, 73ページ。
49) 吉田忠, 前掲書, 134ページ。
50) 新山陽子,『牛肉のフードシステム』, 日本経済評論社, 1997年, 126～127ページ。また, 産地においては1960年から食肉センターの設立が行われており, 食肉中央卸売市場と産地食肉センターの設立が行われることにより, 当初は「産地食肉センターで出荷される枝肉を消費地の食肉卸売市場に上場することにより, 産地食肉センターと食肉卸売中央市場を流通機構面で結合し, 流通経路を短縮」することが目指されていた。しかし, 食肉中央卸売市場では生体での荷受が中心に行われており, その結果,「産地食肉センターと食肉中央卸売市場をめぐる流通経路は分離」したとしている。
51) 農林水産省,「卸売市場制度の概要」, http://www.maff.go.jp/ を参照。また, 中央卸売市場は, 都道府県, 人口20万人以上の市, 又はこれらが加入する一部事務組合若しくは広域連合が, 農林水産大臣の認可を受けて開設する卸売市場, 地方卸売市場は中央卸売市場以外の卸売市場であって, 卸売場の面積が一定規模(食肉では150㎡)以上のものについて都道府県知事の許可を受けるなどの要件を満たす必要がある。
52) 佐々木悟,「自由競争下の卸売市場の現状と課題」, 旭川大学紀要第61号, 2006年6月, 6～7ページ。また, 7～8ページによると,「中央卸売市場におけるセリ取引の比

率は2000年以降花きは60％台，青果と水産物は20％台で低下傾向を辿っているが，食肉は90％以上を維持している」としている。また，食肉以外の生鮮食料品のせり取引比率が低い要因として，「大型量販店等大口需要者の台頭にともない，「販売開始時刻以前の卸売」つまり「先取り」が恒常化」していることと「1999年「卸売市場法」の改正にともなう相対取引の増加はセリ比率の低下に拍車をかけている」と指摘している。

53) 佐々木悟，前掲論文，7ページ。
54) 伊藤匡美，「生鮮食料品流通システムの構造と変化——卸売市場の機能不全と消費者起点の可能性——」，千葉経済論叢第30号，2004年7月，4～6ページによると「卸売市場法」は，1923年に制定された中央卸売市場法に前身をもつとしており，「卸売市場法」において「①せり・入札原則の大幅緩和（例外的に相対取引，予約取引，銘柄取引の導入を認める），②地方卸売市場に関する統一的な法制整備，③中央卸売市場と地方卸売市場の適正配置の観点導入」などが行われたことは，中央卸売市場法と異なる点であるとしているが，「取引方法としてのせり・入札方式，卸売会社と仲卸業者の分離とそれぞれの業務規定，従価定率の販売手数料，受託拒否の禁止，無条件委託販売，全量即日上場・即日販売，商物一致などほとんどの原則や規定」は，中央卸売市場法の枠組みをそのまま受け継いでおり，「卸売市場法」は中央卸売市場法を若干修正したものであると指摘している。
55) (社)日本食肉協議会・(社)日本食肉加工協会監修，『2007日本食肉年鑑』，食肉通信社，2007年，172ページ。
56) (社)日本食肉協議会・(社)日本食肉加工協会監修，前掲書，172ページ。また，174ページによると「卸売市場法」改正前の卸売手数料率は，花き9.5％，野菜8.5％，果実7.0％，水産物5.5％，食肉3.5％と全国一律であったものが2004年の「卸売市場法」改正により2009年4月以降全国一律に決定することが廃止となった。
57) 2004年の卸売市場法の改正前後の特徴については，小野雅之，「2004年卸売市場法改正の特徴と歴史的意義に関する商業論的考察」，『神戸大学農業経済』第38号，9～16ページ，2006年がより詳しい。
58) 佐々木悟，「食肉の卸売市場取引と電子商取引の課題」，日本流通学会編，『流通』No.20，2007年，日本流通学会，137ページによると，食肉卸売業者は，存立基盤確立のため電子商取引の導入以外に「第1に，卸売業者は生産指導をも含めた産地に対する積極的な生産・集荷の働きかけを行い，集荷・品揃え機能を拡充，とりわけ買付集荷を拡大すること，第2に，卸売業者の部分肉製造，食肉の流通加工をはじめとする流通の川上，川下の新たなビジネスへの参入，第3に，これまでの格付一辺倒の評価から，給与飼料や飼養方法の改革による安全・安心や産地ブランド等，差別化を基盤とした新たな評価基準の導入」などに対応する必要があると指摘している。
59) (社)日本食肉協議会・(社)日本食肉加工協会監修，前掲書，179ページ。
60) 成牛とは，生後1年以上の牛のことである。
61) 山口重克，『経済原論講義』，東京大学出版会，1985年，11ページにおいて，資本主義社会は「資本家と資本がそれぞれ社会的生産を編成する主体と形態とになっている社会である」として，「この主体と形態は商品流通世界の中で形成されるものなので，これを流通主体と流通形態と呼ぶ」と定義している。

62) 新山陽子，『牛肉のフードシステム』，日本経済評論社，2001年，120～121ページ
63) さらに，新山前掲書によると近年の日本の肉牛生産システムは①から②への転換，④⑤から⑥への転換が進んでいるとしている。
64) 大吹勝男，『流通諸費用の基礎理論』，梓出版社，2004年，74ページにおいて，マグロの流通があげられており，「小売業者がおこなう，マグロの解体，分割，小分けの作業はマグロという魚肉そのものを他の生産物（例えば，ツナ缶や角煮）に変えることではないが，それを消費しうる形態に変形・加工する作業であり，使用価値に直接に働きかけ，新たな使用価値を与える活動として，生産的活動である。」としている。牛肉流通においても流通過程のなかに，生体から精肉までの間に生産加工が含まれており，「使用価値を大小に分割し，消費しうるにふさわしい新たな形態に変え，使用価値を与える生産活動」を行っていることから，マグロの事例と同様に「生産的活動」であるということができる。
65) 新山陽子，前掲書，136ページ。
66)「屠畜場法」は，2003年に改正が行われている。この改正は，国民の健康の保護を目的としている。改正の内容について，（社）日本食肉協議会・（社）日本食肉加工協会監修 前掲書，154ページによると，「具体的には，食品衛生法との関連で，目的規定，国および地方公共団体の責務，衛生管理者の設置等，家畜伝染病予防法等の他法との関連で，厚生労働大臣と農林水産大臣の連携，検査対象疾病等の規定の整理，と畜検査員の規定の見直し，現状を踏まえた見直しとして，と畜検査中の獣畜の肉などのと畜場外への持ち出しに係る例外規定の整備，ＢＳＥ検査における国の関与などについて改正を行った」としている。
67) 新山陽子，前掲書，136ページ。
68) 新山陽子，前掲書，136～137ページ。
69) 新山陽子，前掲書，136～138ページ。さらに，食肉センターの経営は，1970年代半ば以降においては，「(d)のタイプや，(a)～(c)のなかでも独立した会社組織を設けて経営を行うタイプが増えており，資本の性格は公共的，協同組合的な色彩が強いが，事業は企業的に展開される傾向にある」と指摘している。
70) （社）日本食肉協議会・（社）日本食肉加工協会監修，前掲書，154～155ページによると，2005年末の屠畜場数は，218か所（一般屠畜場204か所，簡易屠畜場14か所）である。一般屠畜場の設置主体別にみると，市町村営が77か所，会社75か所，組合等45か所，国・都道府県営7か所である。
71) 格付けは，枝肉規格に基づいて決定される。牛肉の枝肉規格は，歴史的には1961年に作成され，1985年の規格改正以降現在まで続いている。現在の格付けは，歩留等級と肉質等級の二つに基づいて決定されている。歩留等級は，Ａ，Ｂ，Ｃの3段階であらわされＡが最もよい。肉質等級は，脂肪交雑，肉の色，肉のきめ，肉のしまりによって決定され，1～5の5段階であらわされ5が最もよい。Ａ－5が最も格付け評価の高い肉であり，Ｃ－1が最も格付け評価の低い肉としてあらわされる。
　　なお，歩留等級は，（社）日本食肉格付協会の牛枝肉取引規格の概要によると，左半丸枝肉を第6－第7肋骨間で切開し，切開面における胸最長筋（ロース芯）面積，ばらの厚さ，皮下脂肪の厚さおよび半丸枝肉重量の4項目の数値を計算して歩留基準値を

決定するとしている。計算式は，歩留基準値=67.37 +（0.130×胸最長筋（ロース芯）面積）+（0.667×ばらの厚さ）−（0.025×半丸枝肉重量）−（0.896×皮下脂肪の厚さ）である。ただし肉用種枝肉の場合には2.049を加算する。また，筋間脂肪が枝肉重量，胸最長筋（ロース芯）面積に比べかなり厚い，「もも」の厚さに欠け，かつ，「まえ」と「もも」の釣り合いが著しく欠けるものは，歩留等級が1等級下がる場合がある。歩留等級の区別は，歩留基準値72以上がA，69以上72未満がB，69以下がCとなり，等級Bを中心に正規分布されるように定められている。

72) 食肉卸売市場を経由しない市場外流通における取引では，食肉卸売市場で形成された価格を一つの基準として価格決定や相対取引における参考としている。

73) William A. Kerr, Kurt K. Klein, Jill E. Hobbs, Masaru Kagatsume, *Marketing Beef in Japan*,The Haworth Press, 1995.77ページによると，和牛は高品質であるとしており，和牛以外の乳用牛は，品質の低いデイリービーフであるとしている。さらに，「デイリービーフは，日本の国産牛肉供給の大部分を占める」（引用私訳）としている。

74) リチャード・ケイブス著，小西唯雄訳，『産業組織論』，東洋経済新報社，1968年，28〜29ページによると，製品差別化とは，「集中に加えてわれわれが考慮する必要がある市場構造の諸特徴のうちもっとも重要なもの」であるとしており，「通常，製品は，なにか他と区別される特徴を持つものであり，かような特徴がある生産者の銘柄と競争者の銘柄とに相違を生じさせる。「銘柄」ということば自体がすでにそれを示している」としている。差別化の方法としては，「製品自体に組み入れるというやり方以外でも差別化できる」としており「販売条件は，多くの方法で差別化できる」としている。そのなかでもとくに「生産者が自分自身の販売径路を通して小売りの客に販売する場合」に多いとしている。さらに，製品差別化の重要性については「製品に対する消費者の需要に影響を与えるからである」としている。

75) 加工段階において作業効率の向上を図るために，筋の除去や部位の分割，背脂肪の厚みを一定にするなど，ある程度の標準化が行われた後の部分肉のことである。

76) 搬入枝肉頭数は，東京卸売市場が最も多く，2004年の東京卸売市場での入場頭数83,874頭に対し，搬入枝肉頭数は，70,691頭と非常に多く，搬入枝肉比率が高くなっているが，これは逆に他市場における搬入枝肉比率が著しく低いことを示しており（たとえば大阪市場では，入場頭数50,235頭に対し，搬入枝肉頭数439頭），東京卸売市場以外の中央市場および指定市場では，生体荷受が主流であるということを示している。

77) 筆者聞き取り調査にもとづく。

78) 素畜費とは，素牛費用のことで素牛とは生後約6〜7ヶ月ほどで230〜280kgの肥育用素牛のことである。

79) いわゆる「霜降り」，「サシ」のことで，とくに日本においては「霜降り」を重視する傾向にある。

80) 肉用種の生産頭数は2000年が478,000頭であり，2001年が471,000頭となっている（農林水産省『畜産統計(畜産基本調査結果)』）。これはBSEの発生が2001年9月であり，数字では必ずしも顕著な減少ではないが，屠殺頭数は2000年の1,303,583頭から2001年の1,108,866頭へと減少している（農林水産省『畜産物流通統計』）。このことから，卸，小売段階において売れ行きに鈍化がみられると，情報伝達に遅れがみられるものの，生

注

産段階においても生産頭数が減少し，市場価格にも影響を与えると考えられる。
81) 食肉通信社，『2006数字でみる食肉産業』2006年，食肉通信社，58ページ。
82) フルセット取引とは，牛肉1頭から取れるすべての部分肉を1頭1単位として取引するものである。なお，セット取引の最小単位は半頭である。
83) 歩留とは，枝肉から精肉となる加工・処理過程を経た後の肉重量の比率のことであり，（歩留＋経費加算）とは，言い換えればコスト積み上げ方式である。
84) 新山陽子，前掲書，147ページ。
85) ここでいう歩留は，原料肉を部分肉や精肉に加工するプロセスにおいて，購入した牛肉から脂肪や骨などを除去した後の残存商品部分の割合のことである。
86) 杉山道雄，『畜産物生産流通構造論』，明文書房，1992年，272ページ。
87) 部位名称は，地域により異なる。例えば，主として関西では，肩スネ，トモスネを前チマキ，トモチマキ，さらに内モモ，外モモを内平，外平という部位名称を使用している。
88) 杉山道雄，前掲書，277ページ。
89) 相乗積（マージンミックス）とは売上構成比と粗利益率の二つから商品を総合的に評価する数値であり，この二つの積である相乗積の合計は，牛肉セット平均粗利益率あるいは部門の平均粗利益率を示す数値となる。
90) 松尾幹之，『食肉流通構造の変貌と卸売市場』，楽游書房，1989年，29ページによると1980年代の長距離輸送費は1500km圏では1km，1kgあたりでは部分肉27円，枝肉43円，生体62円となっており，生体での大消費地への輸送が高コストであるということを示している。
91) 社団法人全国肉用牛協会編，『国際化時代の肉用牛変遷史』，社団法人全国肉用牛協会，1996年，143～147ページ。
92) 新山陽子は，前掲書232ページにおいて部分肉価格情報の意義を，明確な基準価格としてではなく取引価格の事後チェックの役割が大きいとしている。その要因として零細業者が交渉力の異なる大規模業者と取引した際の価格を価格情報と比較することが必要であり，さらに第三者による市場全体の価格水準のチェックも必要であるからとしている。

**第3章**

93) 成耆政，小栗克之，「畜産物フードシステムにおける国産銘柄牛流通の実態分析」，岐阜大学地域科学部研究報告，第9号，2001年，59ページによると，購入金額は，輸入自由化実施年度である1991年の10,302円をピークに減少している。また，牛肉100g当たり価格については，1992年以前は310～330円／グラムのあいだで推移していたが，輸入自由化以後においては，牛肉の購入価格に下落がみられている。このことから，牛肉の輸入自由化が，牛肉の購入価格の下落に影響していると指摘している。
94) 財務省『日本貿易統計』によると，牛肉輸入数量は，2003年は520,096トンであり，2004年は，450,362トンと率にして約14.4％減少している。
95) （財）日本食肉消費総合センター，『季節別食肉消費動向調査報告——第52回消費者調査——』，2005年，47ページによると，この数値について，「特異値」であるとして

いる。この要因としては，調査世帯が限られているために偶然的にこのような数値となったのではないかと考えられる。

96）（財）日本食肉消費総合センター，『季節別食肉消費動向調査報告──第52回消費者調査──』，2005年，127ページによると，「夕食調理における食肉使用量の変化と所得特性」について調査がなされており，高所得者層ほど食肉使用量が多く，所得と正比例しているとしている。さらに，もう一つの要因として，夕食の際の平均人数も所得が上がるにしたがって増加していることがあげられるとしている。

97）（財）日本食肉消費総合センター，『季節別食肉消費動向調査報告──第52回消費者調査──』，2005年，113ページ。

98）同調査においては，ブランド和牛に対する行動についても調査がなされており，全く見ない（9.0％）という世帯に対して，気にして必ず見る（51.0％），時々見る（38.6％）という世帯が非常に多い。このことからも，消費者の産地やブランドに対する志向の強さを見ることができる。

99）和牛や銘柄牛においては，さらに長い生産期間を要する場合もある。（財）日本食肉消費総合センター編，『銘柄牛ハンドブック2005』，（財）日本食肉消費総合センター，2005年，80，84ページによると，飛騨牛の出荷月齢は，概ね28〜30ヶ月齢であり，松阪牛においては，約30〜40ヶ月齢とされている。

100）屠殺，解体後の流通内部における加工過程としては，枝肉の骨，筋を除去し，分割を経て部分肉を製造し，その後に筋の除去，商品用途別に部分肉が小分けされ，スライスなどを経て精肉へと加工される。さらに，近年では，加工段階における作業効率の向上の観点から，各企業独自の整形が行われた部分肉の製造が行われるようになり，流通内部における加工は増加する傾向にある。

101）新山陽子，『牛肉のフードシステム』，日本経済評論社，2001年，36ページ。

102）農林水産省統計部編，『畜産統計』，農林統計協会によると，酪農農家においても1戸当たりの飼養頭数が1985年の25.6頭から2005年には59.7頭となっており大規模化が進展していることがわかる。

103）長澤真史，『輸入自由化と食肉市場再編』，筑波書房，2002年，129〜130ページによるとＢＳＥやＯ-157などの輸入食肉の安全性の問題の影響を受け，消費者は輸入牛肉よりも国産牛肉を志向する「国産回帰」の動きがみられるとしている。

104）長澤真史，前掲書，30ページによると，牛肉輸入自由化の影響が大きかったのは酪農家であるとしており，「直撃を受けた酪農家の対応は，和牛への転換，搾乳を専門とした産乳能力のアップ，このいずれの対応もできない酪農家は脱落する，といった三極分化となってあらわれている」としている。

105）長澤真史，前掲書，17〜20ページによると，輸入牛肉の在庫急増の要因として，「牛肉需要の飽和状態・頭打ち，あるいは輸入牛肉の品質に問題があり，美味しくない，といった消費の問題が指摘されている」としており，この牛肉在庫量の急増を1980年代における牛肉需給構造の変化の一つの特徴であるとしている。

106）（社）日本食肉協議会・（社）日本食肉加工協会監修，『2007日本食肉年鑑』，食肉通信社，2007年，132ページ。

107）牛肉在庫量の数値は，農畜産業振興機構調べによるものであり，推定期末在庫であ

108）2008年10月16日，食品チェーンスーパーへの筆者聞き取り調査に基づく。
109）水野英雄，「ＢＳＥによるアメリカ産牛肉輸入禁止の経済分析」，愛知教育大学研究報告，55（人文・社会科学編），2006，127～134ページによると，「日本におけるアメリカ産牛肉の最大の消費主体は，外食産業である」としており，「大量消費を行う外食産業では安価な食材の輸入に力を入れてきており，牛肉についても日本向けのアメリカ産牛肉の規格化や開発などを積極的に行ってきた」としている。米国産牛肉の日本向けの規格化が積極的である事例の一つとしてショートプレートをあげており，この部位の「規格は大手の牛丼チェーンのためのものであり，アメリカ産牛肉の輸入のなかでは最大の数量となっている」としている。

　さらに，米国産牛肉の輸入禁止措置は，「アメリカ産牛肉に依存している外食産業」が大きな影響を受けているとしており，「廃業や業態の転換に追い込まれる」業者もあると指摘している。
110）豚肉輸入量の推移は，農林水産省，『食料需給表』，http://www.maff.go.jp/ を参照。
111）農林水産省，「食品流通構造調査（畜産物）報告」，2005年の業種（小分類）別仕入量及び仕入先別仕入量割合をみると，外食産業が牛肉の仕入を行う割合の大半を食肉卸売業者が占めていることがわかる（国内産牛肉49.0％，輸入牛肉62.6％）。外食産業への販売量の割合が他の業種よりも多いことが，食肉卸売業の比較的堅調な推移の要因の一つではないかと考えられる。
112）食肉小売業の衰退の要因としては，1999年から2002年にかけて最も減少率が高いことから，2001年に国内で発生したＢＳＥ，さらに百貨店，総合スーパーなどとの競合の結果，食肉小売業の衰退が進展したことが考えられる（商業統計によると百貨店，総合スーパーの1985年の事業所数は1,827，年間販売額は13,694,070百万円であり，2007年の事業所数は1,856，年間販売額は15,155,504百万円となっており，この期間に販売の規模が拡大していることがわかる）。
113）（社）日本食肉協議会・（社）日本食肉加工協会監修，前掲書，133ページ。また，日本フードスペシャリスト協会編，『食品の安全性』，建帛社，2001年，41ページによると，国内で牛肉を直接の原因とする病原性大腸菌O157の発生例としては，「焼肉店で提供されたロース，ハツ，レバーなど」であるとしている。また，その予防対策としては，「通常の加熱条件により容易に死滅させることができ，低温管理も増殖抑制に効果的である」としているが，「根本的な予防対策としては，牛の保菌防止，と殺時の衛生的取り扱いにより食肉や内臓肉の腸管内容物の汚染防止が必要である」としている。
114）日本フードスペシャリスト協会編，『食品の消費と流通――フードマーケティングの視点から――』，2000年，建帛社，1～3ページによると，中食とは「でき合いの弁当など調理済み食品を購入して，一食を済ませてしまう行為」であり，「特定の料理や商品種類（客体）を規定したものではない」と定義している。
115）外食率および食の外部化率の推移については，（財）外食産業総合調査研究センター，「外食率と食の外部化率の推移」，http://www.gaishokusoken.jp/ を参照。
116）粗食料の数量は，国内消費仕向量－（飼料用＋種子用＋加工用＋減耗量）で算出され，牛肉の場合では枝肉に換算されている。

117）歩留りは，粗食料を純食料（可食の形態）に換算する際の割合であり，当該品目の全体から通常の食習慣において廃棄される部分を除いた可食部の当該品目の全体に対する重量の割合として求めている。
118）（社）日本食肉協議会・（社）日本食肉加工協会監修，前掲書，131ページ。
119）（財）日本食肉消費総合センター，『季節別食肉消費動向調査報告——第52回消費者調査——』，2005年，113ページによると，食肉情報の要望項目として，安全性についての要望が米国でBSEが発生する以前の2003年6月調査では69.2％であったものが，BSE発生後に行われた12月調査では75.7％と非常に高い。このことから，BSE発生による影響を受け，消費者の安全性に対する意識がさらに強まっていることがわかる。

## 第4章

120）農林水産省統計情報部，『畜産統計』，農林統計協会，2006年による。
121）杉山道雄，『畜産物生産流通構造論』，明文書房，1992年，260ページによると，1977年から81年までの5年間は乳用種の飼養頭数が全国第二位であったとしており，全国的にみても大規模な乳用種の飼養地であるといえる。
122）たとえば，肥育方法においては，大阪ウメビーフは，肥育時に飼料として，梅酒の漬梅を毎日1キログラム以上，6ヶ月以上与え肥育を行っている。販売条件としては，松阪牛は未経産の雌牛に限定されるなどがあげられる。
123）阿部真也，『いま流通消費都市の時代——福岡モデルでみた大都市の未来』，中央経済社，2006年，192ページ。
124）Philip Kotler, *MARKETING INSIGHTS FROM A to Z : 80 Concepts Every Manager Needs, to Know*, John Wiley & Sons, Inc., 2003. 9ページによると，ブランドの定義として，「ブランドは，いくつかの意味と連想をもつラベルのようなものである。一流のブランドはそれだけではない。一流のブランドは，製品もしくはサービスに色彩や反響を与える」（引用私訳）としており，一流のブランドにおいては，ブランドが商品やサービスに対して影響を与えているとしている。
125）阿部真也，前掲書，193ページ。
126）滝澤昭義，細川允史編，『流通再編と食料・農産物市場』，筑波書房，2000年，176ページ。
127）滝澤昭義，細川允史編，前掲書，177ページ。
128）（財）日本食肉消費総合センター編，『銘柄牛肉ハンドブック』，（財）日本食肉消費総合センター，2005年，74ページ。なお，2005年の銘柄牛の数は，各都道府県畜産課を調査したものであり，全国すべての銘柄を網羅するものではないとしている。このことから，2005年の生産段階における銘柄牛の数は，229ブランドよりも多いということがいえる。
129）成耆政，小栗克之，前掲論文，55ページ。
130）滝澤昭義，細川允史編，前掲書，177ページ。
131）交雑種については，交配様式および系統名を規定することが望ましいとしている。なお，交雑種は，一般的には母牛が乳用種，父牛が黒毛和種というF1牛の場合が多く，

小売店などで表示されている交雑種のほとんどが乳用種と黒毛和種をかけあわせたものである。また，先ほどの交雑種のメスに黒毛和種をかけあわせるとF1クロスとなり，血統的に黒毛和種により近いものとなる。

132) （財）日本食肉消費総合センター編，前掲書，121～128ページ。
133) 生産者が乳用種の肥育から交雑種の肥育へと転向させるのは，全国的な傾向であり，その理由としては，交雑種は，飼料の使用量が乳用種と比較して若干少ないこと，枝肉重量は乳用種よりも少ないのであるが，枝肉単価が高いことなどがあげられる。
134) 基本的な飼料や肥育方法については，愛知経済連が飼養管理マニュアルを作成して生産農家に対して農場視察や指導を行っている。
135) 筆者聞き取り調査にもとづく。
136) 銘柄牛の脂質の味の違いについては，筆者聞き取り調査にもとづく。また，味の違いについては，飼料費などのコストを考慮しなければ，素牛から指定農場で肥育された牛でなく，子牛から指定農場で肥育された牛のほうが味の違いがはっきりと確認できるとしている。
137) 筆者聞き取り調査にもとづく。一般に小売業において牛肉の購入を行う場合，枝肉ではなく部分肉を選別するのが主流であり，枝肉を選別して購入を決定することは少ないとされる。
138) 筆者聞き取り調査にもとづく。牛肉においては，それぞれに個体差があるために，格付けが同じ肉質等級3以上の牛であっても脂肪交雑，肉の色等に若干の差が存在する。
139) 牛肉の固体識別情報の開示は，牛の固体識別のための情報の管理及び伝達に関する特別措置法にもとづくものであり，その目的は，「牛の固体の識別のための情報の適正な管理及び伝達に関する特別の措置を講ずることにより，牛海綿状脳症のまん延を防止するための措置の実施を基礎とするとともに，牛肉に係る当該固体の識別のための情報の提供を促進し，もって畜産及びその関連産業の健全な発展並びに消費者の利益の増進を図ること」であるとしている。
140) 筆者聞き取り調査にもとづく。

**第5章**

141) 生産，屠殺段階は2003年12月1日から，流通段階においては2004年12月1日から施行された。
142) 佐々木悟，「日本農林規格（JAS）格付けの現状と課題——牛肉の生産情報の管理・公表を巡って」旭川大学紀要，第60号，2005年，3ページによると，「生体で輸入された牛についても，①輸入年月日，②雌雄の別，③牛の種別，④輸入先（輸入国）の4項目の履歴が国産牛と同様に開示されている」としている。
143) 特定牛肉には，製造，加工品や生鮮のものでも「挽肉」，「小間切」などの牛肉の整形に伴い副次的に得られたものについては，対象外となっている。その理由として，①対応する牛の特定に極めて手間，コストがかかってしまうこと，②たとえ対応する牛が特定できたとしても，その数が極めて多数に及ぶこと，③これらの状況のものを対象外としても，国産牛肉の仕向先の6割弱を占める「精肉」が対象となることなどがあ

げられている。

144）特定料理業者は牛肉を主たる材料とする政令で定める料理，「焼肉」，「すき焼き」，「しゃぶしゃぶ」，「ステーキ」の提供を行う事業者であり，政令で定める要件（料理専門店であって，料理の過半が特定料理であること）に該当するもののことである。
145）農林水産省，「牛肉のトレーサビリティ」，http://www.maff.go.jp/ を参照。
146）農林水産省，「ＪＡＳ法に基づく規格制度の概要」，http://www.maff.go.jp/，6ページ。
147）食肉では，牛肉に次いで豚肉も生産情報公開豚肉ＪＡＳ規格が2004年6月に官報告示され，同年7月より施行されている。
148）佐々木悟，前掲論文，4〜7ページによると，生産工程管理者の認定形式は「(ア)肥育農家が生産工程管理者として認定される場合，(イ)生産者グループが生産工程管理者として認定される場合，(ウ)流通業者（販売者，食肉加工業者）が生産工程管理者として認定される場合」の三種類があるとしている。また，(ア)の場合においては，「肥育農家は牛の出生からと畜までの各段階の情報を把握・管理」をする必要があり，「生産工程管理者は子牛生産農家や哺育育成農家をＪＡＳ法及びＪＡＳ規格の知識を有し，正確な情報をもれなく伝達していることを管理監督するために，定期的に巡回し，保管している記録を閲覧・確認」する外注管理が重要であるとしている。さらに，「外注委託が適切に行われることを登録認定機関が実施検査をして認定する」としている。
149）生産工程管理者が販売業者の場合は，部分肉または精肉となった最終製品になるまでの管理を行うことができる。
150）(社)日本食肉協議会・(社)日本食肉加工協会監修，前掲書，379〜383ページ。
151）農林水産省，「ＪＡＳ法に基づく規格制度の概要」，http://www.maff.go.jp/，6〜8ページ。
152）佐々木悟，前掲論文，4ページ。
153）甲斐諭，『食農資源の経済分析——情報の非対称性解消を目指して——』農林統計協会，2008年，62ページ。
154）甲斐諭，前掲書，62ページ。
155）甲斐諭，前掲書，63ページ。
156）http://www.mhlw.go.jp/ を参照。
157）東京都(1)，大阪府(2)，和歌山県(1)，横浜市(1)，岡山市(1)である。カッコ内は施設数である。
158）甲斐諭，前掲書，62ページによると，「ピッシングは，米国では家畜愛護の視点から古くから禁止されており，欧州ではＢＳＥ対策として2000年から禁止されている」としている。さらに，72〜74ページによると，ピッシングを含む屠殺工程は，「①スタンニング，②喉刺・放血およびピッシング，③食道結紮，④顔の皮剥ぎとシャワーによると体の洗浄，⑤シャックリング，⑥シャックリング後の肛門結紮，⑦皮はぎ・延髄の摘出・脊髄吸引・背割り」の順で行われるとしている。ピッシングを行わない屠殺工程としては，前述のピッシングを含む工程からピッシングを省いたものになる。また，ピッシングの中止にあたっては，牛の屠殺を行う際には，作業員の安全確保のために不動化設備の設置が必要不可欠であるとしている。
159）日本の屠畜場におけるピッシング中止の対応と中止にともなう課題については，甲

斐論（2008），62～77ページがより詳しい。
160）（社）日本食肉協議会・（社）日本食肉加工協会監修，前掲書，155ページによると，1996年にと畜場法施行規則の一部改正が行われ，「とちく場の衛生保持」と「とちく業者等の講ずべき衛生措置」により衛生管理が強化された。さらに1997年には「と畜・解体の過程での汚染防止措置を講ずるために必要な構造設備基準等」が追加され，屠畜場の衛生管理の徹底が行われたとしており，牛を取り扱う屠畜場においては，2001年1月31日には休止または廃止の手続き中の屠畜場を除いたすべての屠畜場で法律上の基準を満たしたとしている。しかしながら，甲斐論（2008），62～77ページで指摘されているように屠殺段階における作業員の熟練度や屠殺を行う際のスペースなどはすべての屠畜場で統一されているとはいえない。
161）佐々木悟，前掲論文，9～12ページによると，生産情報公表牛肉ＪＡＳ制度の問題点として，「産地の生体流通の段階で家畜市場を経由した大部分の牛はＪＡＳ規格認定が極めて難しいこと，小売店のバックヤードごとに小分け業者の認定が必要であり，またＪＡＳ格付けのためのコストが高い」ことから「小売段階におけるＪＡＳ規格牛肉は稀少である」としており，「ＪＡＳ牛肉の流通拡大には，酪農家や繁殖，子牛生産者にも飼料履歴の記帳・保管等の奨励・義務化とともに，流通段階におけるＪＡＳ認定小分け業者が必要」であると指摘している。このことから，小売段階では稀少なＪＡＳ規格牛肉を積極的に販売することは，競合他社よりも牛肉の安全性の面で優位に競争を展開できると考えられる。
162）2004年に北海道，2005年には滋賀県でみられる。
163）小売業者において，雌雄の別をみる意義としては，一般的に去勢牛や雄牛と比較して，雌牛は肉質が柔らかく，風味も良いとされるからである。
164）2008年11月20日，大手食肉加工メーカー2社および食品チェーンスーパーへの筆者聞き取り調査に基づく。
165）杉山道雄，『畜産物生産流通構造論』，明文書房，1992年，281ページ。
166）2008年10月16日，食品チェーンスーパーへの筆者聞き取り調査に基づく。
167）近年においても食肉の偽装事件は多数発生しているが，一例を示すと2007年のミートホープ社の挽肉への意図的な異種肉の混入，賞味期限の改ざん，産地偽装などがあり，消費者に大きな不安や不信感を与えている。
168）2008年11月20日，食品チェーンスーパーへの筆者聞き取り調査に基づく。
169）（社）日本食肉協議会・（社）日本食肉加工協会監修，前掲書，387ページ。
170）SRM（Specified Risk Materials）とは，牛の頭部，脊髄，回腸遠位部などの特定危険部位のことである。
171）甲斐論，前掲書，69ページによると，ＢＳＥ対策の費用として，ＢＳＥ検査料は，各自治体により決定されているが，一例として一頭あたり600円であるとしている。さらに，（社）日本食肉協議会・（社）日本食肉加工協会監修，前掲書，388ページによると，牛の脊柱の焼却処理は，自社処理もしくは外部委託処理で行われており，その処理費用は，一頭あたり約1,300円程度であるとしている。
172）日本栄養・食糧学会監修，本間清一責任編集『食品の安全性評価の考え方——畜産食品を中心に——』，光生館，2006年，65ページ。

173) 厚生労働省,「食中毒発生状況」, http://www.mhlw.go.jp/によると, 2008年の食中毒事件総数は, 1,369件であり, 患者総数24,303人のうち死者は4人となっており, 段階的な減少ではなく一度にこの食中毒の発生を完全になくすことは困難であると考えられる。
174) 本間清一, 前掲書, 73ページ。
175) 本間清一, 前掲書, 61ページ。
176) ＨＡＣＣＰは, 食品製造工程の品質管理プログラムの一つで, 米国で宇宙食の安全性確保のために開発された。最終製品の抜き取り検査を行うだけでなく, 製造工程全体を管理することが特徴としてあげられる。
177) 食品のリスク・コミュニケーションについては, 日本栄養・食糧学会監修, 本間清一責任編集『食品の安全性評価の考え方――畜産食品を中心に――』, 光生館, 2006年, がより詳しい。なお, リスク・コミュニケーションの目的として,「受け入れ可能なリスクのレベルを決めること」(73ページ) であるとしている。
178) 本間清一, 前掲書, 75ページによると, このことは,「総論として多くの人が理解」できるとしており,「実際に多くの食品については実質安全論による合意ができている」としている。
179) 本間清一, 前掲書, 74ページによると, さらに, 議論を進めるにあたっては,「会議の戦略的管理が必要である」としており, その場合の議論の前提条件として,「第1に, 食品にゼロリスクあるいは絶対安全はありえないことを理解し, 健康被害が出ないレベルまでリスクを引下げる方法を検討すること, 2番目にどのようなリスク管理策を採用するのかは費用対効果を考慮して検討すること, 3番目に感情ではなく科学を議論の基礎におくこと」を合意する必要があるとしている。しかし, この合意を各主体から得ることは非常に困難であるとしており, その解決方法として,「1)リスク教育と情報リテラシーを含む「食育」の充実。2)リスクについての知識を持つ研究者の養成。そして, 3)リスクについての知識をもつメディア関係者の養成」という三つの長期的対策が必要であるとされている。
180) 松尾秀雄,『共同体の経済学』, ナカニシヤ出版, 2009年, 29ページ, さらに, 116ページによると, 市場の形成要因について「共同体形成を与件として, 贈与ビヘイビアの延長で, 説明されるのが, 歴史的な観察の結果としての経済理論にふさわしいのではあるまいか」ということが指摘されている。
181) 松尾秀雄, 前掲書, 48～49ページによると,「社会科学のなかで, このような贈与論的解釈を樹立させたのは, 宇野理論の価値形態論で, 交換行為が, 一種の「ギブ・アンド・テイク」だと解釈した功績を除けば, マルセル・モースの『贈与論』研究くらいしか存在しない」としている。
182) 松尾秀雄, 前掲書, 48ページ。
183) 松尾秀雄, 前掲書, 48ページによると,「ポトラッチこそは, 個人と個人を繋ぎとめる, 太古の昔からの, 唯一無二の紐帯形成方法」ではないかとしている。
184) 今村仁司,『社会性の哲学』, 岩波書店, 2007年, 396ページ
185) 今村仁司, 前掲書, 81ページ。
186) 今村仁司, 前掲書, 82ページ。また, 今村仁司は, 漠然と感じとられた義務を返す

ということ，つまり，「負い目を返す義務感情は人間的実存のなかに組み込まれている」としており，「人はいわば「無意識的に」負い目を返す義務」を感じているとしている。さらに，「人間の社会生活のなかで贈与関係」がなぜ存在するのかという問題については，「かつては贈与行為を社会的価値基準にして社会を組織した長い歴史」があり，「贈与現象は近代の交換主義経済ではその位置価を減じたとはいえなお残存している」［今村；2007年，79ページ］ことを指摘している。

187) 今村仁司，前掲書，407ページ。
188) 今村仁司，前掲書，408ページ。また，今村仁司，前掲書，404ページによると，贈与体制とは，「人類学が発見した贈与を基軸とする社会構造」であるとしている。さらに，442ページにおいて「近代固有の交換体制以前の人間の社会的交通形態」である贈与体制を歴史的にみると，(1)アルカイックな社会あるいは「未開」社会類型，(2)古代ギリシア，ローマの共同体が典型とされる類型，(3)西洋中世封建的社会を念頭におく類型の三つに分類することができるとしている。
189) 今村仁司，前掲書，408ページ。また，交換意識とは，「一方が提供するものに対して他方はそれとほぼ等しい価値（と相互に確認できる）を返す義務があると感じることである」［今村；2007，408ページ］としている。
190) 今村仁司，前掲書，409ページ。さらに，今村は，互酬性について「利益の相互獲得を意味するから利益追求的行動を前面に出しているのだが，人類学的用語の含蓄はむしろ贈与の道徳的理念の優位にある。だから人類学では互酬性はしばしば贈与経済と同義とされているのである。概念の観点からみて，互酬性という贈与体制が純粋贈与の理念的形式と経済的な交換との雑種体制であることが重要である」［今村；2007年，409ページ］と指摘している。
191) また，今村仁司，前掲書，440ページによると，「人間の相互行為の歴史過程を人間学的構造から圧縮して解釈すらなら，交換は贈与との関連のなかではじめてその意味（社会の生活形式としての存在意味）が理解される」と述べている。
192) 交換体制について，今村仁司，前掲書，458ページにおいて，「本来の意味での市場的交換と資本中心の資本的交換には違いがある。商品交換としての市場経済は，遠い起源を求める」のであれば「贈与体制の付録として，贈与循環の影としてかすかに出現していた。われわれが関心をもつ市場的交換はとくに西欧中世都市の中で発展し，そのなかから交換体制社会の最初の類型が発展してきた」としている。
193) 今村仁司，前掲書，459ページ。
194) 今村仁司，前掲書，418ページ。また，今村仁司は，前掲書，418ページにおいて「近代人の市場交換心性」について「贈与の相互性のなかに経済的交換の「目的」を見るのは近代人の日常的経験からの視点であって，その視線はいつも事物の移動ばかりを気にかける。そうした交換の視線は，人間の相互行為から負い目がなくなった時代ではじめて確立した精神的態度であって，それを過去の贈与体制のなかに読み込んだり，社会的交通の原理的場面の解釈図式に仕立てることは論外というべきである」ことが指摘されている。
195) 松尾秀雄，前掲書，30ページ。
196) 松尾秀雄，前掲書，57ページ。

197）松尾秀雄，前掲書，57ページ。
198）松尾秀雄，前掲書，57～58ページによると，商業と「ポトラッチ的行動様式」の関係性について「商売でもポトラッチ的行動様式が基本になる」としている。さらに，負い目のコミュニケーションが人付き合いの基本であり，「資本主義であろうとなかろうと，人間の行動様式は普遍的なものだといえよう。商売に義理や人情が絡んで，人間関係が拡大していく」ことが指摘されている。
199）カール・ポランニー著，玉野井芳郎，平野健一郎編訳『経済の文明史』ちくま学芸文庫，2003年，63ページ。
200）カール・ポランニー，前掲書，63ページによると，他人への義務を果たす一例として，「おそらく労働そのものをひそかに楽しんでさえもいる」ことを指摘している。
201）共同体理論については，松尾秀雄，『市場と共同体』，ナカニシヤ出版，1999年がより詳しい。

# 参考文献一覧

阿部真也,『いま流通消費都市の時代——福岡モデルでみた大都市の未来』, 中央経済社, 2006年
池本廣希,『地産地消の経済学』, 新泉社, 2008年
伊藤匡美,「生鮮食料品流通システムの構造と変化——卸売市場の機能不全と消費者起点の可能性——」, 千葉経済論叢第30号, 2004年
今村仁司,『社会性の哲学』, 岩波書店, 2007年
梅木利巳編著,『農産物市場構造と流通』, 九州大学出版会, 1986年
大吹勝男,『流通諸費用の基礎理論』, 梓出版社, 2004年
小野雅之,「2004年卸売市場法改正の特徴と歴史的意義に関する商業論的考察」,『神戸大学農業経済』第38号
小野雅之・小林宏至編著,『流通再編と卸売市場』, 筑波書房, 1997年
カール・ポランニー著, 玉野井芳郎, 平野健一編訳,『経済の文明史』, ちくま学芸文庫, 2003年
甲斐諭,『食農資源の経済分析——情報の非対称性解消を目指して——』, 農林統計協会, 2008年
加茂儀一,『日本畜産史 食肉・乳酪篇』, 法政大学出版局, 1976年
木立真直・辰馬信男編著,『流通の理論・歴史・現状分析』, 中央大学出版部, 2006年
金成学,『韓国における食肉流通』, 農林統計協会, 2000年
九州流通白書編集委員会編,『都市における消費構造と消費ニーズの動向』, 九州流通政策研究会, 1983年
小金澤孝昭・櫻岡舞子,「日本短角種牛生産地域の残存要因」, 宮城教育大学紀要第40巻, 2005年
佐々木悟,「日本農林規格（ＪＡＳ）格付けの現状と課題」, 旭川大学紀要第60号, 2005年
佐々木悟,「自由競争下の卸売市場の現状と課題」, 旭川大学紀要第61号, 2006年
佐々木悟,「食肉の卸売市場取引と電子商取引の課題」, 日本流通学会編,『流通』No.20, 2007年, 日本流通学会
社団法人全国肉用牛協会編,『国際化時代の肉用牛変遷史』, 社団法人全国肉用牛協会, 1996年
社団法人日本食肉協議会・社団法人日本食肉加工協会監修,『2007日本食肉年鑑』, 食肉通信社, 2007年
杉山道雄,『畜産物生産流通構造論』, 明文書房, 1992年
成耆政・小栗克之,「畜産物フードシステムにおける国産銘柄牛流通の実態分析」, 岐阜大学地域科学部研究報告第9号, 2001年
高橋寛監修, 食肉の輸入制度・流通を考える会編,『豚肉が消える』, ビジネス社, 2007年
高橋正郎編著,『わが国のフードシステムと農業』, 農林統計協会, 1994年
滝澤昭義・細川允史編著,『流通再編と食料・農産物市場』, 筑波書房, 2000年

畜産経営問題研究会編,『日本型畜産の課題と実践』,明文書房,1983年
時子山ひろみ・荏開津典生編著,『フードシステムの経済学』,医歯薬出版,1998年
永木正和・茂野隆一編著,『消費行動とフードシステムの新展開』,農林統計協会,2007年
長澤真史,『輸入自由化と食肉市場再編』,筑波書房,2002年
中野一新・岡田知弘編,『グローバリゼーションと世界の農業』,大月書店,2007年
中村靖彦,『牛肉と政治不安の構図』,文春新書,2005年
新山陽子,『畜産の企業形態と経営管理』,日本経済評論社,1997年
新山陽子,『牛肉のフードシステム』,日本経済評論社,2001年
日本栄養・食糧学会監修,本間清一責任編集,『食品の安全性評価の考え方──畜産食品を中心に──』光生館,2006年
日本フードスペシャリスト協会編,『食品の安全性』,建帛社,2001年
日本フードスペシャリスト協会編,『食品の消費と流通──フードマーケティングの視点から──』,建帛社,2000年
日本農業市場学会編,『現代卸売市場論』,筑波書房,1999年
農政ジャーナリストの会編,「ＢＳＥ──米国産牛肉輸入再開問題」,『日本農業の動きNo.153』,農林統計協会,2005年
農林水産省生産局畜産部食肉鶏卵課編,『食肉便覧』,中央畜産会,2001,2006,2008年
藤田武弘,『地場流通と卸売市場』,農林統計協会,2000年
松尾秀雄,『市場と共同体』,ナカニシヤ出版,1999年
松尾秀雄,『共同体の経済学』,ナカニシヤ出版,2009年
松尾幹之,『食肉流通構造の変貌と卸売市場』,楽游書房,1989年
三國英實,『食料流通問題の展開過程』,筑波書房,2000年
水野英雄,「ＢＳＥによるアメリカ産牛肉輸入禁止の経済分析」,『愛知教育大学研究報告(人文・社会科学)』55号,愛知教育大学,2006年
宮崎昭,『食卓を変えた肉食』,日本経済評論社,1987年
宮崎宏,『国際化と日本畜産の進路』,家の光協会,1993年
宮崎宏,『日本型畜産の新方向』,家の光協会,1984年
山口重克,『経済原論講義』,東京大学出版会,1985年
山口重克編,『新版・市場経済──歴史・思想・現在』,名古屋大学出版会,2004年
山本久義,『ルーラル・マーケティング戦略論』,同文舘出版,2008年
吉田忠,『畜産経済の流通構造』,ミネルヴァ書房,1974年
吉田忠,『食肉インテグレーション』,農政調査委員会,1975年
吉田忠,『農産物の流通』,家の光協会,1978年
吉田忠・永田恵十郎編,『農業統計の作成と利用』,農山漁村文化協会,1991年
リチャード・ケイブス著,小西唯雄訳,『産業組織論』,東洋経済新報社,1968年
Philip Kotler, *MARKETING INSIGHTS FROM A to Z : 80 Concepts Every Manager Needs, to Know* John, Wiley & Sons, Inc., 2003.
Theodore C. Bestor, *TUKIJI-The Fish Market At The Center of the world*, University of California Press, 2004.
William A. Kerr, Kurt K. Klein, Jill E. Hobbs, Masaru Kagatsume, *Marketing Beef in Japan*, The

Haworth Press, 1995.

# 人名・事項索引

**ア行**

阿部真也　i, 96, 103
伊藤匡美　90, 103
今村仁司　79, 80, 100, 103
売り手と買い手の身内的関係　82
荏開津典生　87, 104
枝肉・部分肉流通　17, 18, 27, 34
「円卓方式」のリスク・コミュニケーション　77
負い目　79, 81, 82, 100, 101
大吹勝男　91, 103
小栗克之　93, 96, 103
小野雅之　90, 103

**カ行**

カール・ポランニー　102, 103
甲斐諭　87, 98, 103
家庭内での牛肉消費の減少　56
加茂儀一　88, 103
記号(ブランド)の消費　62
規模の経済　18, 24, 34
牛肉自給率　46
牛肉トレーサビリティ法　69, 70, 71, 72, 74, 75, 83
牛肉の原価計算表　27
牛肉の製品差別化　61
牛肉のリスク・コミュニケーション　74
牛肉流通の歴史　10, 12, 17
競争的な贈与　79
薬食い　10
子牛流通　17
国産牛肉の生産，流通における特徴　45
互酬性　80, 101

国別の牛肉輸入量の推移　51

**サ行**
佐々木悟　89, 90, 97, 98, 99, 103
産地ブランド　61, 90
産地銘柄化　7, 59, 61, 62, 85
純粋贈与行為　80
商品価値の実現　9
食肉インテグレーション　12, 88, 104
食肉卸売市場の歴史　13, 15
市場外流通　11, 20, 22, 32, 88, 92
市場経由率　21, 22
市場相場スライド　26, 27
市場流通　5, 20, 22, 32
脂肪交雑　24, 91, 97
消費者の重要性　7
杉山道雄　28, 74, 93, 96, 99, 103
スペック化された部分肉　21
成牛流通　17
成耆政　93, 96, 103
生産情報公表牛肉ＪＡＳ制度　71, 72, 74, 83, 99
生産的労働　18
生体流通　11, 12, 17, 18, 23, 88, 99
正の贈与行動　79, 82
相乗積　29, 93
贈与経済　79, 101
贈与の行動の延長　79
袖下取引　13, 14

**タ行**
高橋正郎　87, 103
滝澤昭義　96, 103
特定牛肉　70, 74, 97
問屋制市場構造　13, 14, 15, 89

**ナ行**

仲卸制度　16
中食　56, 95
長澤真史　88, 94, 104
中村靖彦　87, 104
新山陽子　6, 18, 87, 89, 91, 93, 94, 104

## ハ行

ＨＡＣＣＰ　77, 100
反対贈与の応酬　79, 81, 82
肥育方法や販売条件　61
ピッシング中止　72, 98
病原性大腸菌O157　55, 56, 58, 95
部位別の等価係数　27
フードシステムの概念　6
不公正な取引　14
物流費用の対策　32
歩留　26, 27, 28, 33, 55, 91, 93, 96
負の贈与行動　79, 82
ブランドの品質保証機能　62
フルセットでの取引　65, 66
細川充史
ポトラッチ　79, 82, 100, 101
本間清一　99, 100, 104

## マ行

松尾秀雄　i, 100, 101, 102, 104
松尾幹之　93, 104
水野英雄　95, 104
宮崎昭　88, 89, 104
宮崎宏　11, 104

## ヤ行

山口重克　90, 104

吉田忠　12, 13, 88, 89, 104

**ラ行**

リチャード・ケイブス　92, 104
流通加工　18, 34, 85, 90
流通主体　17, 18, 28, 31, 34, 86, 90

**著者紹介**

仲川直毅（なかがわ　なおき）
　1977年　兵庫県姫路市に生まれる。
　2000年　東亜大学経営学部経営学科卒業
　2005年　兵庫大学大学院経済情報研究科修了　修士（経済情報）
　2009年　名城大学大学院経済学研究科博士後期課程修了　博士（経済学）
　現　在　兵庫大学総合科学研究所客員研究員

国産牛肉の流通──国産牛肉の供給構造と安全性──
2012年9月5日　第1版第1刷発行

著　　者　　仲　川　直　毅
発 行 者　　橋　本　盛　作
発 行 所　㈱御茶の水書房
〒113-0033　東京都文京区本郷5-30-20
電話　03-5684-0751

Printed in Japan　　　　　　　　　　　印刷・製本　㈱タスプ
ISBN978-4-275-00993-7　C3033

SGCIME編　マルクス経済学の現代的課題　全九巻・一〇冊

第Ⅰ集　グローバル資本主義

　第一巻　グローバル資本主義と世界編成・国民国家システム
　　Ⅰ　世界経済の構造と動態
　　Ⅱ　国民国家システムの再編
　第二巻　情報技術革命の射程
　第三巻　グローバル資本主義と企業システムの変容
　第四巻　グローバル資本主義と景気循環
　第五巻　金融システムの変容と危機
　第六巻　模索する社会の諸相

第Ⅱ集　現代資本主義の変容と経済学

　第一巻　資本主義原理像の再構築
　第二巻　現代資本主義の歴史的位相と段階論（近刊）
　第三巻　現代マルクス経済学のフロンティア

各巻定価（本体三二〇〇円＋税）

御茶の水書房